Dissertation

zur Erlangung des Doktorgrades (rer. pol.)

an der

Universität Trier

Fachbereich IV

Die Anwendung spieltheoretischer Methoden zur Definition eines optimalen Kontrolldesigns

Erstgutachter: Prof. Dr. Hellmuth Milde

Zweitgutachter: Prof. Dr. Wilfried Siebe

vorgelegt von

Bernd Biermann

Särkoverstraße 39b

66663 Merzig

Mein besonderer Dank gilt Herrn Prof. Milde und Herrn Dr. Bieta bei der Erstellung des theoretischen Teils der Arbeit, sie haben mir stets mit Rat und guten Fragen zur Seite gestanden. Außerdem möchte ich Herrn Kirchhoff für die Unterstützung hinsichtlich der praktischen Umsetzung danken sowie Herrn Janietz für die Freiheiten, die diese Arbeit erst ermöglichten. Last, but not least, danke ich meiner Frau und meinen Eltern für Ihre ständige Ermutigung.

Herstellung und Verlag:
Books on Demand GmbH, Norderstedt

ISBN: 3-8334-4280-8

Abbildungsverzeichnis

Tabellenverzeichnis

Symbolverzeichnis

n	Anzahl fehlerhafter Geschäfte in der Grundgesamtheit
N	Umfang der Grundgesamtheit
f	Fehlerquote
s	Umfang einer Stichprobe ohne Zurücklegen
k	Gefundene Anzahl fehlerhafter Geschäfte
X	Zufallsvariable
$E(X)$	Erwartungswert der Zufallsvariablen X
$Var(X)$	Varianz der Zufallsvariablen X
p	Sicherheitsniveau
$P(X = x)$	Wahrscheinlichkeit, dass die Zufallsvariable X den Wert x annimmt
Q	Qualitätsniveau

p, q	Wahrscheinlichkeiten
d	Zeitgewinn für den Erfasser
b	Bestrafung für Fehlverhalten
α	Anteil der Bestrafung, der dem Inspektor zugute kommt
c	Schaden für den Inspektor, falls Fehlverhalten nicht aufgedeckt wird
e	Kosten für die Kontrolle eines Geschäftes
ε	Minimalfehlerquote für den Erfasser
(p^*, q^*)	Nash-Gleichgewicht in gemischten Strategien
G	Endliches Spiel
G^T	Spiel, in dem das Stufenspiel G T-mal gespielt wird
IN	Menge der natürlichen Zahlen
∞	unendlich

$Pot(\Omega)$	Potenzmenge von Ω

Abkürzungsverzeichnis

Abb.	Abbildung
GE	Geldeinheit
Tab.	Tabelle
i. A.	im Allgemeinen
o. a.	oben angegeben
MaRisk	Mindestanforderungen an das Risikomanagement
BaFin	Bundesanstalt für Finanzdienstleistungsaufsicht
MaH	Mindestanforderungen an das Betreiben von Handelsgeschäften der Kreditinstitute
MaIR	Mindestanforderungen an die Ausgestaltung der Internen Revision der Kreditinstitute
MaK	Mindestanforderungen an das Kreditgeschäft der Kreditinstitute
CSSF	Commission de Surveillance du Secteur Financier

WpHG	Gesetz über den Wertpapierhandel
DIN	Deutsche Industrienorm
ISO	International Organization for Standardization
OC	Operationscharakteristik
i. d. R	in der Regel
gem.	Gemäß
BIS	Bank für internationalen Zahlungsausgleich
z. Bsp.	zum Beispiel

1 Einführung und Überblick

Controlling, und vor allem Risikocontrolling, hat nicht nur den Sinn, das Management mit Informationen zu versorgen, die der Steuerung einer Unternehmung dienen, sondern führt im Idealfall auch zur Herstellung eines Anreizrahmens, in dem die Mitarbeiter (-innen) eines Unternehmens sich so verhalten, dass das Unternehmensziel effizient erreicht wird. Hier ist die Qualitätssicherung als besonderer Themenbereich zu verstehen, denn mangelnde Qualität in der Erstellung eines Produktes, einer Dienstleistung, führt zu Aufwand und zu Kosten in der Nachbearbeitung und / oder zu Beschwerden seitens der Kunden und in der letzten Konsequenz zu einem schlechten Image des Unternehmens sowie zu Vertrauensverlust seitens der Kunden. Insbesondere im Bankensektor ist aber Vertrauen ein wichtiges Asset, welches sehr schnell verloren ist, wenn die Qualität vernachlässigt wird oder die Bank gegen einschlägiges Recht, gegen aufsichtsrechtliche Normen oder sogar nur gegen die Regeln der Best-Practice verstößt. Aus diesem Grunde verlangt beispielsweise das Regelwerk Basel II die Einführung einer Compliancefunktion[1], die die Einhaltung derartiger Rahmenbedingungen überwachen soll.

[1] The Compliance Function in Banks, BIS Basel (2004) (http://www.bis.org/publ/bcbs103.pdf)

Betrachtet man das Risiko, dass die Bank oder ihre Mitarbeiter (-innen) sich nicht konform zu diesen Regeln und Normen verhalten, so stellt sich schnell heraus, dass es sich nicht um Zustandsrisiken, sondern um Verhaltensrisiken handelt[2]. Im Rahmen der Verhaltensrisiken bietet sich die Spieltheorie als Analysekontext an und bietet Modelle, die diese Risiken handhabbar machen[3].

Der Begriff „*Risiko*" stammt aus dem Frühitalienischen und leitet sich vom lateinischen *risicare* ab. Das Verb *risicare* wiederum hat seinen Ursprung im griechischen *riza*, welches Wurzel oder Klippe bedeutet. Er hat sich im 14. Jahrhundert in den norditalienischen Stadtstaaten im Bereich des Seeversicherungswesens entwickelt. Seit dem 15. Jahrhundert etablierte sich der Begriff Risiko in kaufmännischem Kontext in den europäischen Sprachen. Er bezeichnete die „*pekuniäre Gefahr im Handelsgeschäft, konkret den drohenden Schaden bei misslichem Ausgang eines Handels. Gleichzeitig zielt es etwas allgemeiner auf das Wagnis, indem es die Ungewissheit, wie der erwartete Handel ausgeht, vergegenwärtigt.*[4]"

Bereits im Altertum setzten sich die Menschen mit der Unsicherheit über zukünftige Entwicklungen auseinander. Dabei wurde diese Unsicherheit jedoch der Unkenntnis über den göttlichen Willen zugeschrieben. Es lag

---

[2] siehe Bieta, Kirchhoff, Milde, Siebe (2002) Seite 70

[3] siehe Bieta, Kirchhoff, Milde, Siebe (2002) Seite 96 ff

[4] vgl. Keller (2004)

also nahe, mit Hilfe von Orakeln einen Blick in die göttlich vorgegebene Weltenplanung zu versuchen. Dass diese Planung unabänderlich war und als Schicksal hingenommen werden musste ist die Grundlage der griechischen Tragödie. Im jüdischen Denken wurde dem Menschen zwar eine bedingte Entscheidungsfreiheit zugesprochen, diese bewegte sich jedoch stets im Rahmen eines fest vorgegebenen göttlichen Willens. Diese Auffassung setzte sich im Christentum fort und führte im Mittelalter zu einer deterministisch prädestinierten Weltordnung.

Erst in der Renaissance begann sich der Mensch als handelndes Wesen zu begreifen und die Unabwägbarkeiten der Zukunft gestalterisch und planerisch anzunehmen. In der Renaissance entwickelte sich auch die Wahrscheinlichkeitstheorie als Produkt der Spielleidenschaft. Während sich in der griechisch-römischen Antike die Frage nach Risikomanagement nicht stellte wurde der Umgang mit dem Risiko im ausgehenden 14. Jahrhundert in Italien zu einem wichtigen Baustein wirtschaftlichen Handelns. Hier ist beispielsweise Luca Pacioli (1445-1518) zu nennen, der nicht nur die Grundlagen der doppelten Buchführung entwickelte, sondern auch die folgende Frage aufstellte:

A und B spielen ein faires Spiel Balla. Sie kommen überein, so lange weiterzuspielen, bis einer der beiden sechs Runden für sich entschieden hat. Das Spiel wird abgebrochen, nachdem A fünf Runden und B drei Runden gewonnen hat. Wie sollen die Spieleinlagen auf beide Spieler verteilt werden?

Etwas später verfasste Girolamo Cardano (1501-1576) sein Buch über das Glücksspiel *Liber de Ludo Aleae*, entwickelte einen statistisch fundierten Wahrscheinlichkeitsbegriff und wendete ihn auf elementare wahrscheinlichkeitstheoretische Probleme an.

Die Entwicklung der Wahrscheinlichkeitstheorie über Blaise Pascal (1623-1662), Abraham De Moivre (1667-1754), Daniel Bernoulli (1700-1782), Pierre Simon Laplace (1749-1827), Carl Friedrich Gauß (1777-1855) bis hin zu Louis Bachelier (1870-1946) und Norbert Wiener (1894-1964), um nur einige zu nennen, führte zu einem sehr umfangreichen Instrumentarium, Risiken handhabbar zu machen. Nicht zuletzt legten sie die Grundlagen für das Optionspreismodell von Fischer Black (1938-1995), Myron S. Scholes (*1941) und Robert C. Merton (*1944)[5].

Offenbar ist die wissenschaftliche Beschäftigung mit Spielen, aber vor allem mit Glücksspielen, bereits sehr alt. Die Beschäftigung mit strategischen Spielen ist jedoch recht neu und begann erst im frühen 19ten Jahrhundert.

---

[5] vgl. Pechtl (1999)

Wohingegen die verschiedenen Facetten des Begriffs „Spiel" in der deutschen Sprache nicht unterschieden werden, ist in der englischen Sprache eine klare Unterscheidung von Spielen möglich: *Play* bezeichnet das kindliche Spielen, *gambling* wird für das Spielen von Glücksspielen verwandt und *game* ist die Bezeichnung für das Spielen unter strategischen Überlegungen. Es ist das Verdienst von Oskar Morgenstern (1902-1976) und John von Neumann (1903-1957) mit ihrem Buch „*Theory of Games and Economic Behaviour*" im Jahre 1944 aus der Spieltheorie eine mathematisch-wissenschaftliche Disziplin gemacht zu haben. Der zentrale Begriff des nach ihm benannten Nash-Gleichgewichtes wurde von John Forbes Nash (*1928) in seiner Dissertation „*Non-cooperative Games*" 1950 in die wissenschaftliche Diskussion eingeführt und beantwortet die Frage: „*Was ist Strategie wenn der Gegner mitdenkt?*"

Die Spieltheorie bietet heute einen formalen Analyserahmen, im dem zwischenmenschliches Agieren strategisch und interdependent dargestellt, beschrieben und modelliert werden kann. Sie wird vor allem in den Sozial- und Wirtschaftswissenschaften angewandt.

Während die Wahrscheinlichkeitstheorie einen adäquaten Analyserahmen für ein Spiel gegen die Natur bietet, das naturgegebene Regeln voraussetzt und einem Glücksspiel gleichkommt (*gambling*), ist die Spieltheorie ein adäquater Analyserahmen für Spiele zwischen strategisch handelnden Individuen (*game*). In diesem Sinne ist sie geeignet, Situationen zu modellieren in denen die handelnden Akteure selbst, bzw. ihre strategischen Entscheidungen, als Risikofaktoren aufgefasst werden müssen.

Damit ist die Verbindung der Spieltheorie zum Risikomanagement klar: Der Ausgangspunkt des Risikomanagements ist die Frage: Welche Risiken bestehen? Darauf aufbauend ist die geeignete Methodik zu finden, mit der diese Risiken bearbeitet werden können.

Diese Methodik ist unter den Voraussetzungen zu suchen, dass

- die Risiken zunächst beschrieben und modelliert werden können,
- sie im gewählten Modellrahmen bewertet und gemessen werden können,
- sie bewirtschaftet werden können.

Damit wird offensichtlich, dass es für ein funktionierendes Risikomanagement fundamental wichtig ist, für die einzelnen Risiken die jeweils adäquaten Werkzeuge zu suchen und zu finden. Diese Erkenntnis ist ebenso erschreckend wie hilfreich: Sie ist erschreckend, weil sie den Risikomanager zwingt, das bekannte Terrain der Wahrscheinlichkeitstheorie und die gewohnte Umgebung der Normalverteilung zu verlassen, einen Schritt zurück zu treten und sich zunächst auf die Prozesse und die handelnden Akteure zu konzentrieren. Damit bleibt Risikomanagement keine rein mathematische Disziplin sondern verlangt Denken in Prozessen und organisatorischen Abläufen. Sie ist hilfreich, weil sie das in der Praxis gebräuchliche Paradigma der stochastischen Handhabbarkeit und statistischen Beschreibbarkeit von Risken aufbricht und so den Weg frei macht mit besser geeigneten Methoden das Risikomanagement und damit die Unternehmensführung als solche zu optimieren.

Zunächst ist also das richtige Spiel zu finden: Ein Spiel gegen die Natur oder ein Spiel zwischen strategisch handelnden Akteuren. Im ersten Fall ist mit dem Instrumentarium der Wahrscheinlichkeitstheorie und der Statistik zu agieren. Im zweiten Fall ist ein spieltheoretischer Analyserahmen zu wählen, das Spiel zu modellieren, zu lösen und zu testen. Im Anschluss an den Test ist gegebenenfalls das Spieldesign zu überarbeiten. Dabei kann das Testen des Spiels in zweierlei Hinsicht erfolgen:

- Test des Spieldesigns unter Laborbedingungen, die die realen Gegebenheiten kontrollierbar und auf die wesentlichen Punkte beschränkt, abstrahiert darstellen. In dieser Situation wird das Spiel mit Versuchspersonen durchgespielt und die empirischen Ergebnisse mit den theoretisch vorhergesagten Ergebnissen verglichen.

- Test des Spieldesigns unter realen Bedingungen in der Praxis. In diesem Falle ist es notwendig, die Spielergebnisse regelmäßig durch geeignete Maßnahmen zu verifizieren.

Der Analyserahmen der Spieltheorie ist in der folgenden Graphik dargestellt:

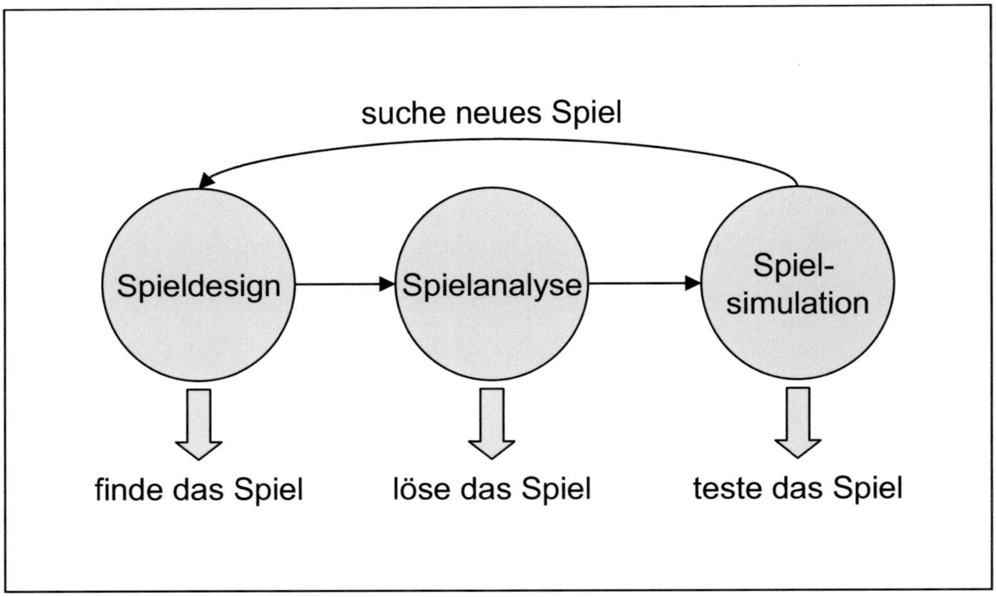

Abb. 1: Analyserahmen der Spieltheorie

Dieser Analyserahmen vollzieht sich im Risikomanagementprozess auf der Ebene des Identifizierens und des Managens: Das richtige Spiel zu finden ist Aufgabe der Risikoidentifikation. Die Spielanalyse gehört in den Bereich des Managens, indem optimale Handlungsstrategien gesucht und gefunden werden müssen. Der Test unter Laborbedingungen erfolgt noch auf der Ebene des Identifizierens um sicherzustellen, dass das richtige Spiel gefunden ist. Der Test unter realen Bedingungen dient einerseits der Erhebung relevanter Parameter sowie der ständigen Überwachung der

Rahmenbedingungen. Dies erfolgt im Rahmen des Messens und Berichtens. Der Risikomanagementprozess ist unabhängig von der Art des zu bewirtschaftenden Risikos und eröffnet dem Risikocontroller, dem Risikomanager und dem Senior Management die Möglichkeit bei jedem Durchlauf zu lernen. Dies ist insofern fundamental wichtig, als dass sich sowohl das Unternehmen, in den Abläufen, im Aufbau und in den handelnden Personen, als auch die Umwelt, in den bewirtschafteten Märkten und/oder in Form der zu beachtenden Rahmenbedingungen (rechtlich, aufsichtsrechtlich, soziokulturell,...) ständig ändern.

Eine zusammengefasste graphische Darstellung des Risikomanagementprozesses ist in der folgenden Abbildung dargestellt:

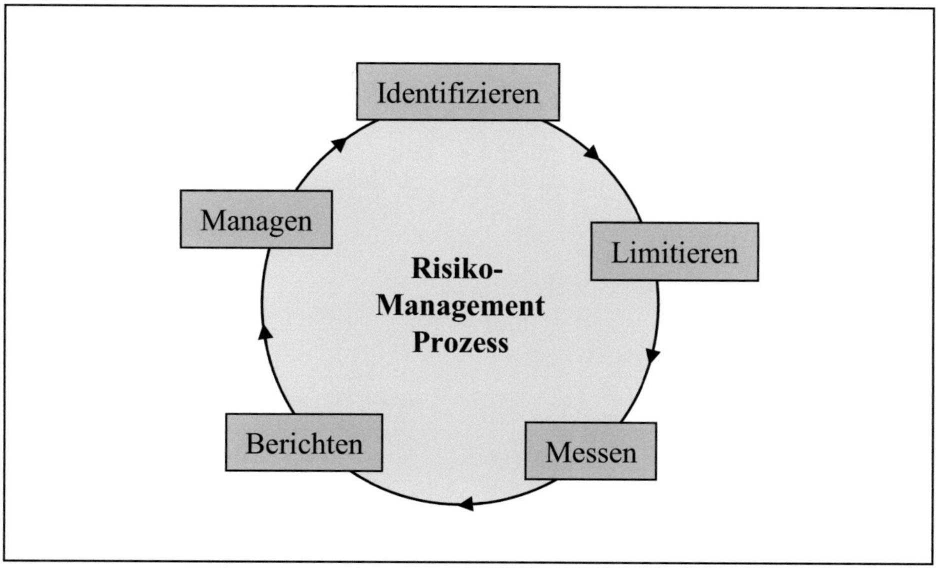

Abb. 2: Risikomanagementprozess

Die Ausgestaltung des Risikomanagements als ein sich ständig wiederholender Prozess eröffnet die Möglichkeit des ständigen Lernens und erlaubt die Anpassung von Methoden und Maßnahmen an die sich immer schneller ändernden Anforderungen einer global vernetzten Wirtschaft.

1.1 Ausgangssituation

Die effiziente Gestaltung von Kontrollen stellt in Betrieben unterschiedlichster Geschäftsausrichtung immer wieder ein Problem dar: Einerseits sind Kontrollen notwendig um einen vorgegebenen Qualitätsstandard aufrecht zu halten, andererseits sind Kontrollen zeit- und kostenintensiv. Ein effizientes Design von Kontrollen muss also irgendwo zwischen vollständigem Vertrauen (keine Kontrolle / keine Kosten) und vollständigem Misstrauen (vollständige Kontrolle / hohe Kosten) liegen. In dieser Situation stellt sich also die Frage nach dem Stichprobenumfang. Aber allein diese Fragestellung führt nahezu zwangsweise in den Bereich der Statistik mit ihrer umfangreichen Schätz- und Testtheorie. Dort allerdings werden die Interaktionsmöglichkeiten der handelnden Personen völlig außer Acht gelassen.

Bei Kontrollen treffen stets zwei Parteien aufeinander: Der zu Kontrollierende und der Kontrollierte. Dabei sind die Interessen des Kontrollierenden folgendermaßen zu beschreiben: Er versucht mit möglichst geringem Aufwand eine größtmögliche Sicherheit zu gewährleisten. Der

Kontrollierte hingegen versucht, zu möglichst geringen Kosten seine eventuelle Bestrafung für Fehlhandlungen möglichst gering zu halten.

Diese Fragestellung stellt sich auch im Bankenbereich: Das luxemburger CSSF[6]-Rundschreiben 2000/15 vom 2. August 2000 fordert beispielsweise im Abschnitt 5.5, dass der Gewerbetreibende (die Bank, bzw. für sie handelnd der Kundenberater) vor Abschluss eines Geschäftes mit Hebelwirkung oder eines Derivategeschäftes den Kunden über die damit verbunden Risiken informieren muss. Die Information hat schriftlich zu erfolgen. In Punkt 1.3 wird gefordert, dass die Kundenaufträge innerhalb einer angemessenen Frist ausgeführt werden. Gleiches wird im deutschen WpHG[7] in § 37d gefordert, bzw. in den MAH`s [8]. In den MAH`s wird unter Punkt 2.5 ebenfalls gefordert, dass *„(...) Geschäfte zu nicht marktgerechten Bedingungen (...) - vorbehaltlich der in Ziffer 6.2 genannten Geschäfte - grundsätzlich unzulässig (sind). Die internen Kontrollstellen haben zu überwachen, dass die Geschäftsabschlüsse den zum Abschlusszeitpunkt der Geschäfte üblichen Marktbedingungen entsprechen. (...)"*

---

[6] Commission de Surveillance du Secteur Financier (www.cssf.lu)

[7] Gesetz über den Wertpapierhandel vom 9. Spetember 1998, zuletzt geändert am 28. Oktober 2004 (http://www.bafin.de/gesetze/wphg.htm#p37d)

[8] Mindestanforderungen an das Betreiben von Handelsgeschäften vom 23. Oktober 1995 (http://www.bakred.de/texte/verlautb/minanfhg.htm)

Nicht nur aus den Auflagen der Aufsichtsbehörden, sondern auch aus internen Gründen der Qualitätskontrolle und -sicherung, ist die Bank also gehalten, Kontrollen durchzuführen, die entweder durch beispielsweise Vier-Augen-Kontrollen im Prozess selbst verankert sind oder aber nachgelagert erfolgen. Insbesondere jedoch nachgelagerte Kontrollen werden oftmals stichprobenartig durchgeführt. Dabei ist der Stichprobenumfang jedoch zumeist ohne theoretisch fundierte Begründung festgelegt.

1.2 Zielsetzung und Aufbau der Arbeit

Das Ziel der vorliegenden Arbeit besteht darin, die in einer Bank vorliegende Problematik der stichprobenartigen Kontrollen zu untersuchen und zu zeigen, dass ein spieltheoretischer Ansatz zu besseren Ergebnissen führt, als ein rein statistischer Ansatz. Dabei gilt es, zunächst den Status Quo zu beschreiben und seine Schwachstellen aufzuzeigen. Anschließend wird gezeigt, dass ein spieltheoretischer Analyserahmen adäquater ist als ein statistischer Ansatz und diesem theoretisch und ökonomisch überlegen ist. Dazu wird zunächst das simultane Inspektor-Spion-Spiel als Nicht-Konstantsummenspiel für eine einmalige Kontrolle eingeführt. Hierauf aufbauend kann die Führerschaftsvariante dieses Spiels als optimales Kontrolldesign herausgestellt werden. Die Verallgemeinerung auf rekursive, also immer wiederkehrende, Kontrollsituationen erfolgt in Kapitel 3.

Der Kern der Arbeit besteht in einer Beschreibung, wie dieser Ansatz in der Praxis eingesetzt werden kann. Dazu werden die theoretisch erarbeiteten

Ergebnisse anhand eines „künstlichen“ Laborexperimentes überprüft welches dann unter realen Bedingungen zur Lösung der gegebenen Problemstellung genutzt wird.

Schließlich wird der Begriff Risiko allgemeiner als in der bisherigen Literatur definiert, so dass die Strategiesicht in die Definition einfließt und es wird dargelegt, dass diese Definition als Verallgemeinerung der traditionellen Risikodefinition aufgefasst werden kann. Hierzu werden die einzelnen Module der derzeit zur Diskussion stehenden „*Mindestanforderungen an das Risikomanagement*“ mit spieltheoretischem Leben gefüllt.

2 Der Status Quo

Die Frage nach Kontrollen zur Qualitätssicherung wird in Industriebetrieben schon seit langem gestellt. Aus diesem Grunde wird im Folgenden kurz dargelegt, wie diese Thematik in Produktionsbetrieben bearbeitet wird.

Vogel (Vorlesung unbekannten Datums), an dem sich die folgenden Ausführungen orientieren, teilt die statistische Qualitätskontrolle auf in die Teilbereiche „Statistische Prozesskontrolle“ und „Annahmekontrolle“, der erste Teilbereich wird mit der Methode der Kontrollkarten, der zweite Teilbereich mit Hilfe von Stichprobenplänen bearbeitet. Dies ist schematisch in der folgenden Abbildung dargestellt:

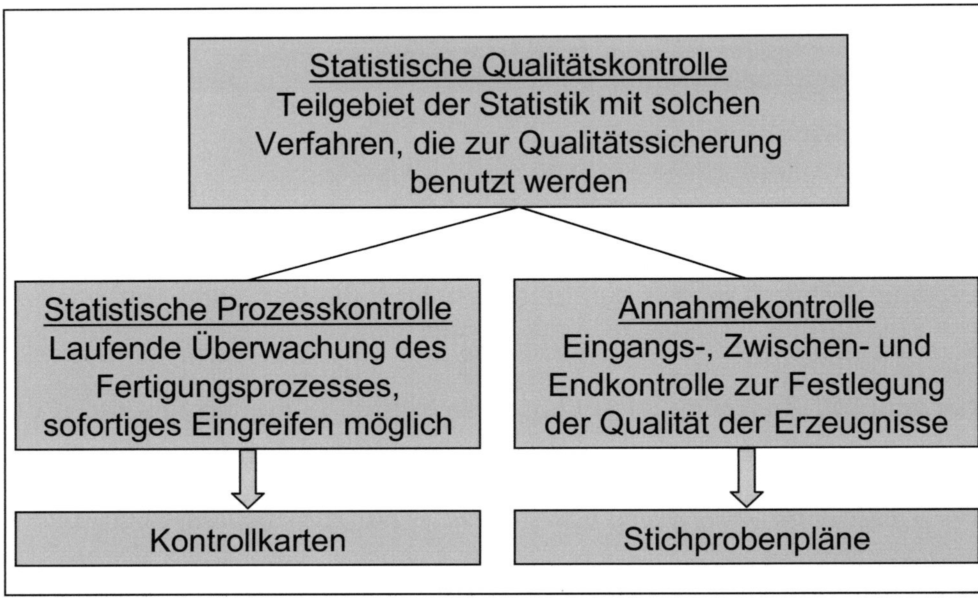

Abb. 3: Teilbereiche der statistischen Qualitätskontrolle

Da in dieser Arbeit in erster Linie die Qualität innerhalb eines Prozesses gesichert werden soll, erscheint die Methode der Kontrollkarten zunächst als angemessen.

2.1 Statistische Prozesskontrolle

Im Rahmen der statistischen Prozesskontrolle wird die Qualität im laufenden Produktionsprozess mit Hilfe von Kontrollkarten in regelmäßigen Abständen geprüft.

Kontrollkarten gehen auf Walter Shewart (Bell Telefone Laboratories) zurück. Sie wurden erstmals 1931 eingesetzt. DIN 55350 bezeichnet die

Kontrollkarte als Qualitätsregelkarte. Sie stellt ein Diagramm der Qualitätslage mit Kontrollgrenzen dar.

Man unterscheidet Kontrollkarten für messende Prüfungen und für zählende Prüfungen.

Eine Kontrollkarte zur messenden Prüfung ist beispielsweise die $\bar{x}$-Karte, die im Folgenden detaillierter beschreiben wird:

Sei X ein bestimmtes Maß am produzierten Werkstück, so werden zu festgelegten Zeitpunkten $t_1, t_2, \cdots$ jeweils n Teile aus dem laufenden Produktionsprozess entnommen und vermessen. Aus den gemessenen Werten wird pro Zeitpunkt das arithmetische Mittel bestimmt und in der Kontrollkarte eingetragen.

Solange die Mittelwerte pro Zeitraum innerhalb der Kontrollgrenzen liegen, ist der Prozess unter Kontrolle, sonst ist der Prozess außer Kontrolle. Falls der Prozess außer Kontrolle ist, müssen entweder alle seit der letzten Kontrolle produzierten Teile verworfen oder vollumfänglich vermessen werden um die fehlerhaften Teile auszusortieren.

Eine derartige Kontrollkarte hat beispielsweise folgende Gestalt:

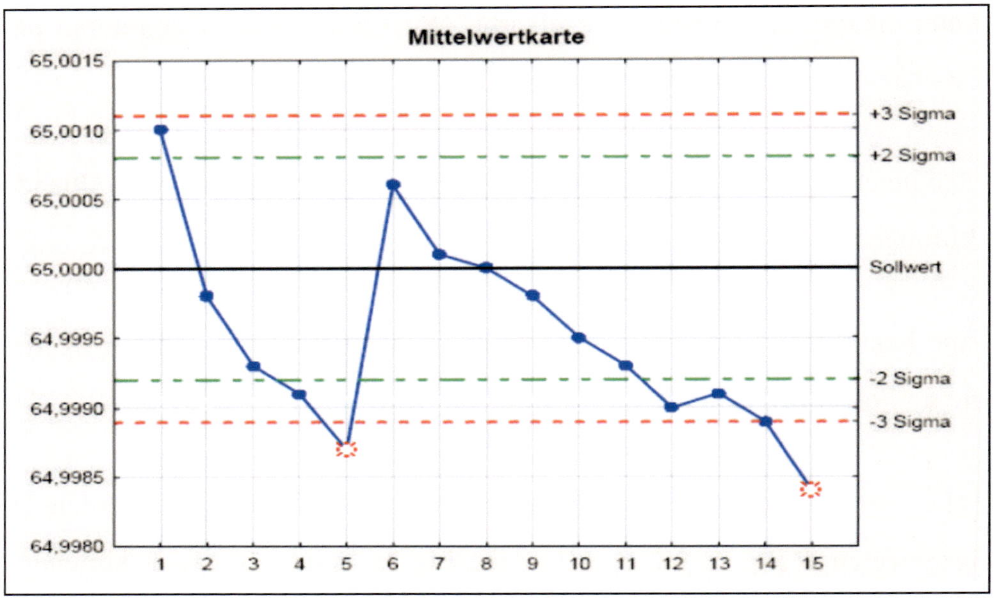

Abb. 4: Beispiel einer Mittelwertkarte

In der Kontrollkarte sind Warngrenzen und Kontrollgrenzen eingetragen. Die Warngrenzen werden über folgende Formel ermittelt:

Formel 1:

$$W_{u/o} = \mu_0 \pm 2 \cdot \frac{\sigma}{\sqrt{n}}$$

Ein Ausreißen aus den Warngrenzen mahnt zur besonderen Aufmerksamkeit, stellt jedoch noch keine Aufforderung zum Eingreifen dar.

Die Kontrollgrenzen errechnet man über:

Formel 2:

$$K_{u/o} = \mu_0 \pm 3 \cdot \frac{\sigma}{\sqrt{n}}$$

In beiden Formeln bedeutet μ_0: Sollwert des beobachteten Merkmals, σ: Standardabweichung des Merkmals und n: Stichprobenumfang

Ein Über- oder Unterschreiten der Kontrollgrenzen führt direkt zu den oben beschriebenen Maßnahmen. Die Standardabweichung wird zumeist über einen Vorlauf erhoben, indem vor Anlegen der Kontrollkarte mehrere Stichproben vom Umfang n gezogen und aus diesen die empirische Standardabweichung mit Hilfe der bekannten Schätzer errechnet werden. Weitere Arten von Kontrollkarten in einer messenden Prüfung sind zum Beispiel:

Die $\bar{x}/s$-Karte überwacht neben den Mittelwerten der Stichproben auch die empirische Standardabweichung.

Die p-Karte überwacht die Ausschussquote, definiert als Quotient aus der Anzahl der fehlerhaften Teile in der Stichprobe und dem Umfang der Stichprobe.

2.2 Annahmekontrolle

Die Annahmekontrolle soll beispielsweise ausschließen, dass eine Lieferung von Vorprodukten, die in die Produktion eingehen, fehlerhaft ist. Dazu wird ein Prüfplan zur Attributsprüfung nach DIN ISO 2859 aufgestellt. Ein einfacher Prüfplan besteht aus einem Tripel (N, s, c), wobei N der Postenumfang, s der Stichprobenumfang und c die Annahmezahl ist. Bezeichne n die Anzahl der fehlerhaften Teile im gelieferten Posten (Grundgesamtheit), so ist die Lieferung auf Kosten des Lieferanten zurückzugeben, falls $n \geq c + 1$ ist. Ansonsten wird die Lieferung angenommen. Die Operationscharakteristik (OC-Funktion) beschreibt die Qualität des Stichprobenplans. Sie gibt nach folgender Formel die Wahrscheinlichkeit an, die Lieferung anzunehmen in Abhängigkeit von der tatsächlichen Fehlerquote:

Formel 3:

$$L(p) := P(X \leq c | f) \text{ mit } 0 \leq f = \frac{n}{N} \leq 1$$

Da X hypergeometrisch verteilt ist[9], gilt:

---

[9] siehe Horstmann (2005) Punkt 1.3

Formel 4:

$$L(f) := P(X \leq c | f) = \sum_{k=0}^{c} \frac{\binom{n}{k}\binom{N-n}{s-k}}{\binom{N}{s}}$$

Das Produzentenrisiko ist definiert als

Formel 5:

$$\alpha = P(X > c | f = f_{prod}) = 1 - L(f_{prod})$$

Es beschreibt die Wahrscheinlichkeit, dass die Lieferung zurückgewiesen wird, obwohl sie in Ordnung ist (Irrtumswahrscheinlichkeit 1-ter Art). Dazu ist eine akzeptierbare Ausschussquote $0 \leq f_{prod} \leq 1$ zwischen Produzent und Konsument im Vorfeld zu definieren.

Die Irrtumswahrscheinlichkeit 2-ter Art wird als Konsumentenrisiko bezeichnet und nach folgender Formel errechnet:

Formel 6:

$$\beta = P(X \leq c | f = f_{kons}) = L(f_{kons})$$

Sie beschreibt die Wahrscheinlichkeit die Lieferung anzunehmen, obwohl sie fehlerhaft ist. Der Wert f_{kons} wird vom Abnehmer festgelegt. Es muss selbstverständlich $f_{prod} < f_{kons}$ gelten. Das Konsumentenrisiko und das Produzentenrisiko können graphisch anhand der Operationscharakteristik folgendermaßen dargestellt werden:

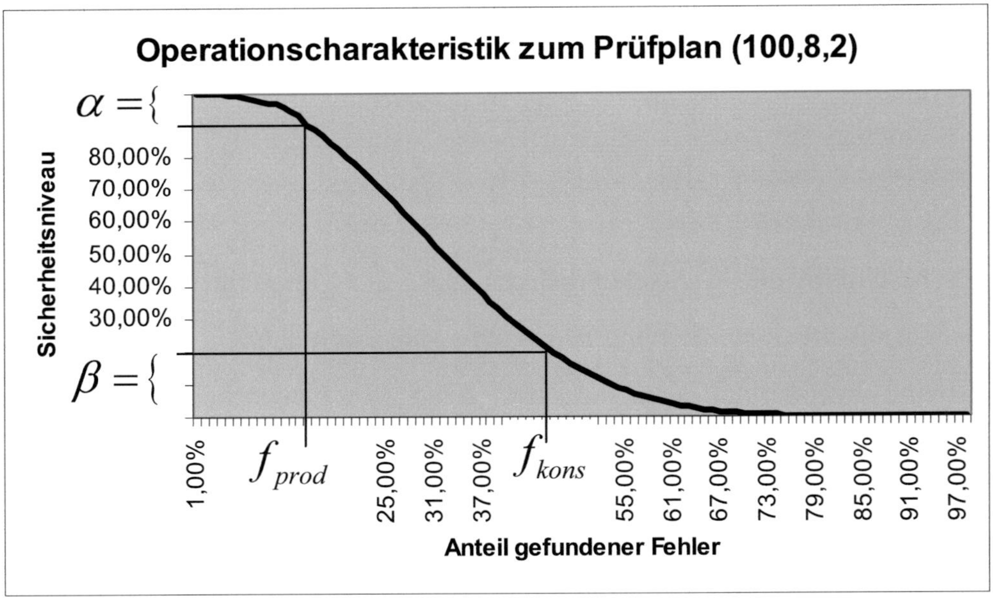

Abb. 5: Operationscharakteristik, Konsumentenrisiko, Produzentenrisiko

2.3 Statistik einer statischen Stichprobenkontrolle

Kontrollen, insbesondere regelmäßige Kontrollen, können in der Regel nicht vollumfänglich durchgeführt werden, sei es aus Kosten- oder aus Zeitgründen. Aus diesem Grunde wird in der Praxis oftmals nur stichprobenartig geprüft, ob beispielsweise die Qualität erfasster Daten zu getätigten Geschäftsabschlüssen den geltenden Regeln entsprechen oder nicht. Hier wird in der Regel nur ein kleiner Stichprobenumfang von 10% der Grundgesamtheit geprüft, wobei dieser Wert eher aus Tradition und Aberglaube gewählt wird, nicht aber aus statistisch nachvollziehbaren Gründen. Im Folgenden wird gezeigt, dass eine 10%ige Stichprobe unter Umständen für eine effiziente Kontrolle völlig unzureichend sein kann.

Mit statistischen Mitteln kann gezeigt werden, dass eine effektive Kontrolle einen relativ hohen Stichprobenanteil erfordert. Dabei hat die Durchführung von Kontrollen immer mehrere Zielsetzungen:

- Fehlerhafte Daten (-erfassungen) sind zu finden um sie korrigieren zu können,
- Probleme im Prozess der Geschäftsabwicklung sind zu finden um sie für die Zukunft ausschließen zu können,
- Mitarbeiter (-innen), sollen davon abgehalten werden, Fehler bei Erfassungen zu begehen.

Bei der Durchführung einer Kontrolle kann von folgenden Voraussetzungen ausgegangen werden:

- Es liegt eine wohldefinierte Grundgesamtheit vor, denn die zu prüfenden Geschäfte können als bekannt vorausgesetzt werden.

- Ein zu prüfendes Geschäft kann i. d. R. nach der Prüfung eindeutig als korrekt oder als nicht korrekt klassifiziert werden. Dies setzt selbstverständlich voraus, dass die Regeln für eine korrekte Erfassung dem Erfasser und dem Kontrollierenden bekannt sind und dass diese Regeln klar und eindeutig sind.

Nach diesen Voraussetzungen führt das Prüfen eines einzelnen Geschäftes also entweder zu dem Ergebnis „korrekt“ oder „nicht korrekt“. Dieses Ergebnis kann jedoch nicht vorhergesagt werden und ist insofern zufällig. Die Wahrscheinlichkeitsverteilung, die die Modellierung dieser Situation erlaubt ist die Binomialverteilung[10].

Um die Effektivität einer stichprobenartigen Kontrolle beurteilen und beschreiben zu können sind folgende Notationen und Definitionen sinnvoll:

- Der Umfang der Grundgesamtheit wird mit N bezeichnet, $N \in IN$.

- Die Anzahl der fehlerhaft erfassten Geschäfte wird mit n bezeichnet, $n \in IN , n \leq N$.

[10] siehe Horstmann (2005) Punkt 1.2

- Die Fehlerquote ist definiert durch $f := \frac{n}{N}$, $0 \leq f \leq 1$.

- *s* kennzeichnet den Umfang einer Stichprobe ohne Zurücklegen, $s \in IN$, $s \leq N$.

- Die Anzahl der fehlerhaften Geschäfte in der Stichprobe wird durch die Zufallsvariable *X* modelliert, die hypergeometrisch verteilt ist.

Es handelt sich also um ein Urnenmodell, in dessen Rahmen *s* Kugeln aus einer Gesamtheit von *N* Kugeln ohne Zurücklegen gezogen werden. Die adäquate Wahrscheinlichkeitsverteilung ist die hypergeometrische Verteilung[11].

Daraus folgt, dass die Wahrscheinlichkeit, in einer Stichprobe vom Umfang *s* genau *k* fehlerhaft erfasste Geschäfte zu finden, gegeben ist durch:

Formel 7:

Für $n, k, s, N \in IN$, $n \leq N$, $k \leq s \leq N$ gilt: $P(X = k) = \frac{\binom{n}{k} \cdot \binom{N-n}{s-k}}{\binom{N}{s}}$

---

[11] siehe Horstmann (2005) Punkt 1.3

Der Erwartungswert der hypergeometrischen Verteilung mit den o. a. Parametern wird geschätzt über:

Formel 8:

$$E(X) = s \cdot \frac{n}{N}$$

Die Varianz kann geschätzt werden mit:

Formel 9:

$$Var(X) = s \cdot \frac{n}{N} \cdot \left(1 - \frac{n}{N}\right) \cdot \frac{N-s}{N-1}$$

Die Wahrscheinlichkeit, in einer Stichprobe vom Umfang s mindestens $k \leq s$ fehlerhafte Geschäfte zu finden ist durch die Verteilungsfunktion der hypergeometrischen Verteilung gegeben:

Formel 10:

$$P(X \geq k) = P(X = k) + P(X = k+1) + \ldots + P(X = s) = \sum_{i=k}^{s} P(X = i)$$

In diesem Rahmen stellt sich die Frage, mit welchem Sicherheitsniveau $p \in [0,1]$ man in einer Stichprobe vom Umfang $s \leq N$ mindestens einen

Anteil $a \in [0,1]$ der fehlerhaften Geschäfte findet. Dies führt zur Definition des Sicherheitsniveaus:

Definition (Sicherheitsniveau):

Unter dem Sicherheitsniveau *p(a)* verstehen wir die Wahrscheinlichkeit, mit der in einer Stichprobe vom Umfang s aus einer Grundgesamtheit des Umfangs N, bei n fehlerhaften Geschäften mindestens $a \cdot n$ fehlerhafte Geschäfte gefunden werden.

Die Anwendung dieser Definition wird an folgendem Beispiel dargestellt:

Beispiel 1:

Bei einer Grundgesamtheit von 1.000 Geschäften und einer unterstellten Fehlerquote von 5% sollen in einer Stichprobe von 100 Geschäften mindestens $a = 20\%$ aller Fehler gefunden werden.

$$P(X \geq 20\% \cdot 5\% \cdot 1.000) = P(X \geq 100) = \sum_{i=10}^{50} P(X = i) = 2{,}14\%$$

Man findet also mit einer Wahrscheinlichkeit von 2,14% mindestens 10 fehlerhafte Geschäfte.

Wie das folgende Beispiel zeigt, können zu einem gegebenen Stichprobenumfang selbstverständlich verschiedene Kombinationen aus Sicherheitsniveau und Anzahl der gefundenen Fehler ermittelt werden.

Insofern ist das Sicherheitsniveau nicht in der Lage, als qualitatives Maß für den Vergleich zwischen verschiedene Stichprobenumfängen bei gegebener Grundgesamtheit zu dienen.

Beispiel 2:

In der Situation aus dem vorherigen Beispiel lassen sich die Kombinationen (Anteil der gefundenen Fehler, Sicherheitsniveau) graphisch folgendermaßen darstellen:

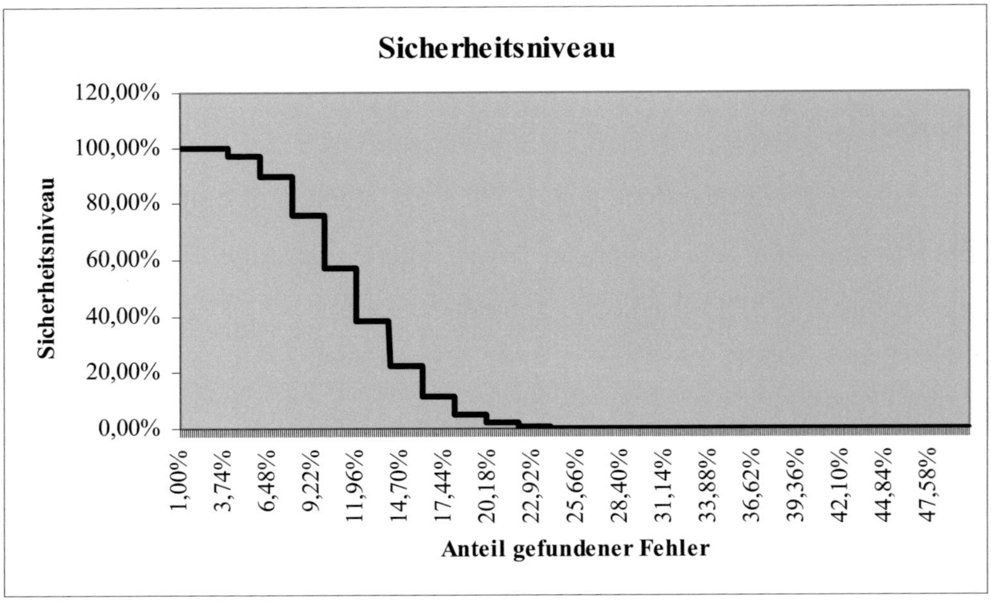

Abb. 6: Sicherheitsniveau in Abhängigkeit vom Anteil der gefundenen Fehler

Das Sicherheitsniveau ist allerdings nur optisch der Operationscharakteristik ähnlich, nicht aber vom wirtschaftlichen Hintergrund und vom Aussagegehalt. Die Tatsache, dass zu einem gegebenen Stichprobenumfang mehrere Kombinationen aus Sicherheitsniveau und Anzahl der gefundenen Fehler gefunden werden können, führt direkt zur Definition des Qualitätsniveaus:

Definition (Qualitätsniveau):

Bei gegebenem Stichprobenumfang *N*, gegebenem Anteil von Fehlern $\frac{n}{N}$ und bei festem Stichprobenumfang $\frac{s}{N}$ ist das Qualitätsniveau $Q\left(\frac{n}{N},\frac{s}{N}\right)$ definiert als die Kombination aus Sicherheitsniveau *p(a)* und Anteil gefundener Fehler *a*, so dass das Sicherheitsniveau gerade nicht verschwindet:

Formel 11:

$$Q\left(\frac{n}{N},\frac{s}{N}\right)=\left(\min_{a\in\{1,2,\ldots,s\}}(p(a),a); p(a)>0\right)$$

Beispiel 3:

In der Situation aus dem vorherigen Beispiel liegt das Qualitätsniveau bei $Q\left(\frac{50}{1.000},\frac{100}{1.000}\right)=(0{,}0000000001\%,50\%)$. Das bedeutet, dass mit Sicherheit nicht mehr als 50% aller Fehler gefunden werden.

Bei steigendem Stichprobenumfang steigt das Qualitätsniveau unterproportional an, wie folgende Graphik zeigt:

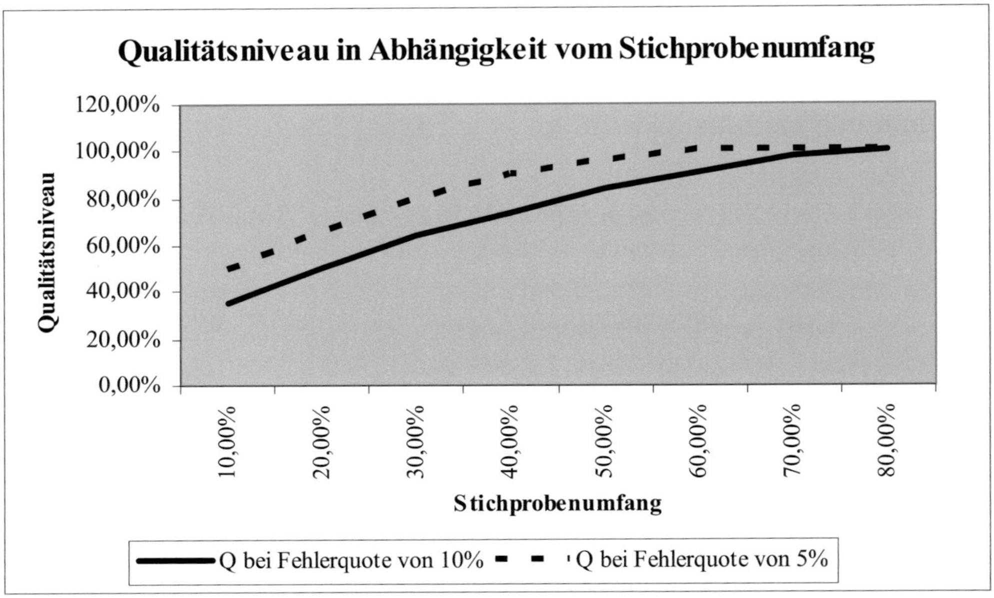

Abb. 7: Qualitätsniveau in Abhängigkeit vom Stichprobenumfang

Mit dem Begriff des Qualitätsniveaus lassen sich verschiedene Stichprobenumfänge bei gegebener Grundgesamtheit also direkt qualitativ vergleichen.

Bemerkung:

Die Definitionen des Sicherheitsniveaus und des Qualitätsniveaus lassen sich statt auf dem prozentualen Anteil der gefundenen Fehler und der Stichprobe auch auf der absoluten Anzahl der gefundenen Fehler und der Anzahl der gezogenen Stichprobeneinheiten aufbauen. Dann hängen beide

Definitionen wegen der Abzählbarkeit der betrachteten Einheiten von der Größe der Grundgesamtheit ab.

2.4 Statistik einer dynamischen Stichprobenkontrolle

Das immer wiederkehrende Kontrollieren kann entsprechend den Methoden der Kontrolltheorie folgendermaßen aufgebaut werden:

Nach DIN 19226 ist Steuern und Regeln folgendermaßen definiert:

a. „Das Steuern - die Steuerung - ist der Vorgang in einem System, bei dem eine oder mehrere Größen als Eingangsgrößen andere Größen als Ausgangsgrößen aufgrund der dem System eigentümlichen Gesetzmäßigkeiten beeinflussen. Kennzeichen für das Steuern ist der offene Wirkungsablauf über das einzelne Übertragungsglied oder die Steuerkette.“

b. „Das Regeln - die Regelung - ist ein Vorgang, bei dem eine zu regelnde Größe (Regelgröße) fortlaufend erfasst, mit einer anderen Größe, der Führungsgröße, verglichen und abhängig vom Ergebnis dieses Vergleichs im Sinne einer Angleichung an die Führungsgröße beeinflusst wird. Der sich dabei ergebende Wirkungsablauf findet in einem geschlossenen Kreis, dem Regelkreis, statt.“

Eine reine Steuerung ist nur möglich, wenn vollständige Information über das zu steuernde System vorhanden ist[12]. Dies ist in dem vorliegenden Fall des Erfassens durch Menschen sicherlich nicht gegeben. Insofern ist es notwendig, auf das Prinzip der Regelung zurückzugreifen. Die Regelgröße ist die, stichprobenartig ermittelte, Fehlerquote. Die Führungsgröße ist eine Fehlerquote von maximal ε. Da die Totzeit (lag), die Zeitspanne, die vergeht, bevor eine gemessene Abweichung an das Stellglied gelangt und die Regelstrecke (das zu steuernde System) durch neue Steuerungsmaßnahmen beeinflusst werden kann[13], möglichst kurz zu halten ist, sollten tägliche Kontrollen eingeführt werden. Das Ziel von Steuern und Regeln ist es, ein System in einem stabilen Zustand zu halten und Umwelteinflüssen entgegenzuwirken. Wünschenswert ist es ein System mit Selbstregelung zu schaffen, einen so genannten Homöostaten[14].

Der Regelkreis hat demgemäß folgende Gestalt:

[12] vgl. Lindemann (1975) in Baetge (1975) Seite 106.

[13] vgl. Lindemann (1975) in Baetge (1975) Seite 108

[14] vgl. Lindemann (1975) in Baetge (1975) Seite 109

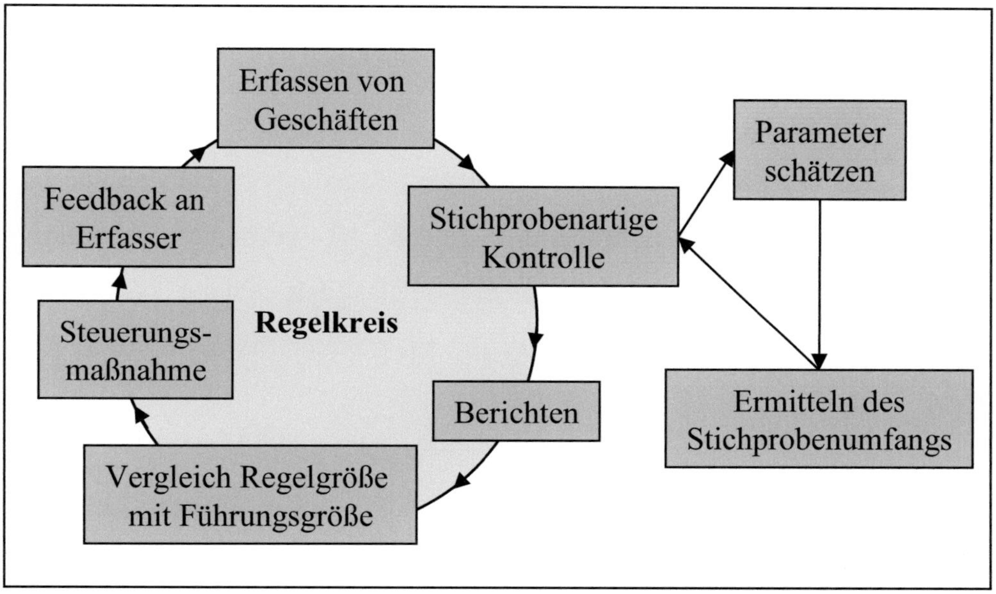

Abb. 8: Regelkreis

Ausgehend von einer unterstellten Fehlerquote und einem angestrebten Qualitätsniveau kann der Stichprobenumfang ermittelt werden. Auf Basis der Stichprobe ist die tatsächliche Fehlerquote zu schätzen und somit der Stichprobenumfang der nächsten Kontrolle zu ermitteln. Die Fehler der Stichprobe werden berichtet und mit der Führungsgröße verglichen. Daraus abgeleitet wird das Feedback (Bestrafung) des Erfassers, der bei der nächsten Erfassung, am Tag darauf, sein Verhalten anpasst. Die Totzeit beträgt einen Tag. Um jedoch ein vernünftiges Qualitätsniveau zu erreichen ist der Stichprobenumfang recht hoch und die Schätzung für die Fehlerquote bei, bezahlbarem Stichprobenumfang, recht ungenau.

3 Theorie des optimalen Kontrolldesigns

Ein professionelles und funktionierendes Risikomanagement muss zum Ziel haben, ein Unternehmen vor größerem Schaden zu bewahren und insbesondere existenzgefährdende Schäden zu verhindern. Derartige Schäden hat die Finanzbranche in den letzten Jahrzehnten des Öfteren gesehen. Als Beispiel sollen hier nur die spektakulärsten Fälle kurz aufgeführt werden:

- Im Frühjahr 1995 trieben Fehlspekulationen eines Börsenhändlers in Termin- und Optionsgeschäften auf den Nikkei-Index die Barings Bank in den Ruin. Der Schaden betrug 1,3 Mrd. USD[15].

- Im Sommer 1995 kamen bei der DAIWA unerkannt gebliebene Verluste eines Rentenhändlers zu Vorschein, die über zehn Jahre hinweg unerkannt geblieben waren. Der Schaden betrug 1,1 Mrd. USD[16].

- Die Westdeutsche Genossenschaftszentralbank gab im Herbst 1998 einen Verlust in Höhe von 175 Mio. EUR bekannt, der aus Fehlspekulationen von Devisenhändlern resultierte. Aufgrund von

[15] Vgl. Jakob (2002) im Handbuch des Risikomanagements Seite 4.

[16] Vgl. Jakob (2002) im Handbuch des Risikomanagements Seite 4.

Manipulationen im Bewertungssystem von Devisenoptionen blieb dieser Verlust über Monate hinweg unerkannt[17].

- Der Betrug eines Devisenhändlers bei Allfirst führte über die Jahre 2000 bis 2002 zu einem Verlust in Höhe von 691,2 Mio. USD[18].

Diese Fehlspekulationen hätten vermieden werden können, wenn das interne und externe Kontrollgefüge funktioniert hätte[19]. Im Untersuchungsbericht von Wachtell, Lipton, Rosen und Katz (2002) heißt es beispielsweise auf Seite 35: „*The proprietary currency trading business was inadequately supervised.*" Aus diesem Grunde ist es notwendig, im Rahmen eines professionellen Risikomanagements ein System von Kontrollen aufzubauen, das auf verschiedenen Ebenen greift:

- Kontrollen im Prozess, etwa das 4-Augen-System.
- Kontrollen in einem nachgelagerten Prozess von unabhängiger Stelle.
- Regelmäßige Kontrollen durch die Innenrevision.

---

[17] Vgl. Jakob (2002) im Handbuch des Risikomanagements Seite 4.

[18] Vgl. Wachtell, Lipton, Rosen & Katz (2002), Seite 29

[19] Vgl. Jakob (2002) im Handbuch des Risikomanagements Seite 4.

- Jährliche Kontrollen durch unabhängige Wirtschaftsprüfer.

Die meisten dieser Kontrollen können aufgrund von Budgetrestriktionen nur stichprobenartig durchgeführt werden. Dennoch müssen sie die risikovermeidende und fehleraufdeckende Funktion effizient erfüllen.

Bei (stichprobenartigen) Kontrollen in einer Bank stehen in der Regel einige Kontrolleure einigen oder sogar vielen Erfassern gegenüber. Die Kontrollen selbst verursachen Kontrollkosten für das Unternehmen. Fehlerfassungen führen zu Nachbuchungen und Schadensfällen, die das Unternehmen ebenfalls zu tragen hat. Da die Geschäftserfassungen immer von Menschen vorgenommen werden, ist von einer nicht zu unterschreitenden Minimalfehlerquote auszugehen. Nicht aufgedeckte Fehler führen sowohl beim Kontrollierten als auch beim Kontrollierenden zu einer, wie auch immer gearteten, Bestrafung. Die qualitativ hochwertige Erfassung ist auf Seiten des Kontrollierten mit einem Nutzennachteil in Form von Zeit oder erhöhter Aufmerksamkeit verbunden. Der Kontrollierte ist bestrebt, seinen Aufwand und seine, erwartete, Bestrafung möglichst gering zu halten. Der Kontrollierende möchte seine, erwartete, Bestrafung ebenfalls möglichst gering halten, bzw. möglichst viele Fehler aufdecken.

Dies führt zu einer Situation, in der der Kontrollierte eine Strategie wählen wird, die die Strategie des Kontrollierenden bedingt und gleichzeitig antizipiert. Für den Kontrolleur gilt dies analog. Es handelt sich also im spieltheoretischen Sinne um ein nicht kooperatives Nicht-Konstantsummenspiel, in dem mehrere Kontrolleure gegen mehrere Kontrollierte spielen.

Der strategische Parameter des Kontrolleurs ist die Kontrollhäufigkeit bzw. der Stichprobenumfang. Der strategische Parameter des Kontrollierten ist seine Sorgfalt, die sich in der Fehlerhäufigkeit ausdrückt. Die Spielsituation entspricht also im Wesentlichen der Situation, die in den so genannten Inspektor-Spion-Spielen[20] beschrieben ist. In diesen Spielen sind einige der oben angegebenen Parameter extern vorgegeben, einige sind von den Spielern beeinflussbar. Einige dieser Parameter sind beiden Seiten bekannt, für andere besteht eine Informationsasymmetrie. Das Inspektor-Spion-Spiel ist also unter unvollständiger Information durchzuführen. Die Kontrollen werden in der Regel immer wieder durchgeführt, also handelt es sich um ein iteriertes Spiel oder auch repeated Game mit asymmetrischer Information[21]. Im diesem Kapitel wird diese Spielsituation mit den Methoden der Spieltheorie zunächst als einmaliges Spiel und dann als wiederholtes Spiel modelliert und analysiert. Zunächst werden jedoch die Grundlagen der Spieltheorie mit Hilfe der wichtigsten, grundlegenden, Definitionen, gelegt:

---

[20] siehe z. Bsp. Avenhaus, Huber, Kettele (1986), Avenhaus, Stengel, Zamir (1995), Avenhaus et al (1996), Avenhaus, Canty, Rothenstein (2001), Avenhaus (2004), Avenhaus, Canty (2004)

[21] Rady (2000) Seite 22 und Seite 23

3.1 Kurze Einführung in die Spieltheorie

Unter einem *Spiel* im Sinne der Spieltheorie versteht man eine Konfliktsituation zwischen mehreren handelnden Akteuren, die als *Spieler* bezeichnet werden. Die Anzahl der Spieler bestimmt die Ausprägung der Spielergebnisse. Diese Spieler haben verschiedene Handlungsalternativen, die so genannten *Strategien*, zur Auswahl. Die Strategie eines Spielers ist als ein Plan von Handlungsschritten aufzufassen, der in jeder durch Informationszustände bestimmten Spielsituation beschreibt, welche Alternative zu wählen ist. In Abhängigkeit von der gewählten Strategie eines Spielers ergibt sich unter Berücksichtigung der Strategienwahl der übrigen Spieler ein *Spielausgang*, der quantitativ bewertbar ist im Sinne der Nutzentheorie. Dabei wird vorausgesetzt, dass alle Spieler *rational* handeln, also ihren Nutzen maximieren. Die Auszahlungshöhe impliziert eine Ordnung der Spielausgänge. Die Auszahlung selbst steht für den strategischen Aspekt des Spiels. Die Informationen erfassen, als während des Spielverlaufs mögliche Informationszustände, das Wissen der Spieler in Entscheidungszeitpunkten. Die Spielregeln umfassen alle Möglichkeiten der Spieler in der gegebenen Entscheidungssituation. Die Konstituenten eines Spielmodells sind in der folgenden Graphik zusammengefasst:

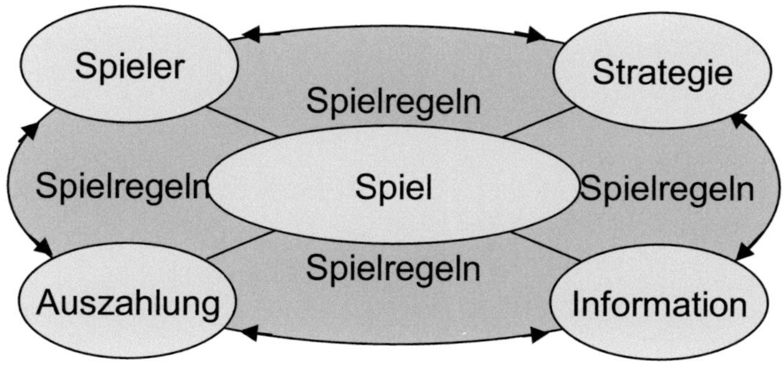

Abb. 9: Die Konstituenten eines Spielmodells[22]

Wenn die einzelnen Spieler ihre Strategien wählen ohne die Wahl der übrigen Spieler zu kennen, spricht man von einem *simultanen* Spiel. Treffen die Spieler ihre Wahl unabhängig voneinander, so spricht man von einem *nicht-kooperativen* Spiel, denn in dieser Konstellation ist keine Koordination der einzelnen Spieler über vorherige Absprachen möglich. Sind an dem zu betrachtenden Spiel lediglich zwei Spieler beteiligt so spricht man von einem *Zwei-Personen-Spiel*.

[22] siehe Bieta, Kirchhoff, Milde, Siebe (2002) Seite 214

Definition[23] (allgemeine Definition eines Spiels):

Unter einem Spiel Γ, in Normalform oder strategischer Form, versteht man ein Tripel $\left(A,\left(S^1,\cdots,S^m\right),\left(\geq_1,\cdots,\geq_m\right)\right)$, wobei $A=\{1,2,\cdots,m\}$ eine Menge von $m>0$ Spielern ist. Für alle Spieler $1\leq i\leq m$ sei die Menge ihrer Strategien S^i nicht leer. $S:=\prod_{k=1}^{m}S^k$ ist dann die Menge aller Strategienkombinationen aller Spieler. $S^{-i}:=\prod_{\substack{k=1\\k\neq i}}^{m}S^k$ ist die Menge der Strategienkombinationen aller Spieler mit Ausnahme des *i*-ten Spielers. $\left(\geq_1,\cdots,\geq_m\right)$ definiert für jeden Spieler *i* eine eigene Präferenzordnung $\geq_i$ auf der Menge aller Strategienkombinationen *S*. Jedes $s\in S^i$ wird als „reine" Strategie des Spielers *i* bezeichnet.

Wir betrachten bei der späteren Anwendung der Theorie lediglich Zwei-Personen-Spiele, für die $m=2$ gilt. Ein Spieler wird aus der Menge der ihm zur Verfügung stehenden Strategien lediglich die bedingte Präferenzordnung verwenden, die wie folgt definiert ist:

[23] vgl. Schlee (2003) Seite 13

Definition[24] (bedingte Präferenzordnung):

Gegeben sei eine Präferenzordnung $\geq_i$ des Spielers i über der Menge der Strategienkombinationen aller Spieler. Dann wird für den Spieler i eine Präferenzordnung $\geq_{i|s^{*-i}}$ unter der Bedingung s^{*-i} definiert durch $s^{*-i} \geq_{i|s^{*-i}} \Leftrightarrow \left(s^{*i}, s^{*-i}\right) \geq_i \left(s^i, s^{*-i}\right)$ auf der Menge der Strategien S.

Der i-te Spieler beurteilt also seine eigenen Strategien hinsichtlich der Strategienkombinationen seiner Mitspieler. In der Regel ist es möglich, das Spielergebnis mit Hilfe einer Nutzenfunktion in reelle Werte zu überführen. Damit ist die Präferenzordnung durch die natürliche Ordnung der reellen Zahlen gegeben.

Definition[25] (Definition eines Spiels mit Auszahlung):

Unter einem Spiel Γ mit Auszahlung versteht man ein Tripel (A, S, U), wobei A und S wie im allgemeinen Fall definiert sind und U der Vektor der Auszahlungsfunktionen ist, deren einzelne Komponenten i die entsprechenden Auszahlungen für die jeweiligen Spieler i angeben. U ist definiert durch $U^i : S \to IR$ mit $U = \left(U^1, \cdots, U^m\right) : S \to IR^m$.

---

[24] vgl. Schlee (2003) Seite 15

[25] vgl. Schlee (2003) Seite 16

Das Lösungskonzept für Spiele in allgemeiner Form ist das von John Forbes Nash eingeführte Nash-Gleichgewicht.

Definition[26] (Nash-Gleichgewicht):

Eine Strategienkombination $s^* = \left(s^{1*}, \cdots, s^{m*}\right)$ heißt Nash-Gleichgewicht, wenn $\left(s^{i*}, s^{-i*}\right) \geq \left(s^{i}, s^{-i*}\right) \quad \forall i \in A, s^{i} \in S^{i}$, bzw. bei einem Spiel mit Auszahlung $U^{i}\left(s^{i*}, s^{-i*}\right) \geq U^{i}\left(s^{i}, s^{-i*}\right) \ \forall i \in A, s \in S^{i}$ gilt.

Anhand dieser Definition wird deutlich, dass jeder Spieler nur seine bedingte Präferenzordnung verwendet. Um das Nash-Gleichgewicht zu ermitteln ist es oftmals sinnvoll, die Best-Antwort der Spieler zu nutzen. Der Begriff der Best-Antwort wird mit folgender Definition eingeführt:

Definition[27] (Best-Antwort):

Die Abbildung r^{i} der besten Antwort für den Spieler i ist eine mengenwertige Funktion $r^{i} : S^{i} \rightarrow Pot\left(S^{i}\right)$ mit den Funktionswerten $r^{i}\left(s^{-i}\right) := \left\{s^{i} \in S^{i} \middle| U\left(s^{i}, s^{-i}\right) = \max U^{i}\left(\tilde{s}^{i}, s^{-i}\right)\right\}$. Die Abbildung r der besten Antwort (kurz: Best-Antwort) ist eine mengenwertige Funktion, deren Funktionswert das kartesische Produkt der Funktionswerte r^{i} ist,

---

[26] vgl. Schlee (2003) Seite 17

[27] vgl. Schlee (2003) Seite 26

$i = 1,\cdots,m$. Damit ist die folgende Schreibweise sinnvoll: $r := S \to \prod_{i=1}^{m} Pot(S^i)$ mit $r(s) := \left(r^1(s^{-1}),\cdots,r^m(s^{-m})\right)$.

In Schlee (2003) wird auf Seite 26 der folgende hilfreiche Satz bewiesen:

Satz (Nash-Gleichgewicht):

Eine Strategienkombination $s^* \in S$ ist genau dann ein Nash-Gleichgewicht, wenn $s^* \in r(s^*)$.

Endliche Spiele, also Spiele mit endlich vielen Spielern mit jeweils endlichen Strategienmengen, haben nicht immer ein Nash-Gleichgewicht. Um die Existenz eines Nash-Gleichgewichtes zu gewährleisten und um der Tatsache Rechnung zu tragen, dass die Spieler ihre „reinen" Strategien, insbesondere bei wiederholtem Spielen, mischen können, wird der Begriff der reinen Strategie auf den der „gemischten" Strategie erweitert. Das Mischen der reinen Strategien kann beispielsweise durch das Vorschalten eines Zufallsgenerators geschehen, der die reinen Strategien mit bestimmten Wahrscheinlichkeiten auswählt und der Spieler die so zufällig ausgewählte reine Strategie dann konsequent umsetzt[28].

[28] Beim Pokerspiel, in dem ein Spieler die strategische Wahl zwischen Bluffen oder Nicht-Bluffen hat, ist ein Zufallsgenerator zwar nicht erlaubt, gute Spieler mischen dennoch verblüffend gut.

Definition[29] (gemischte Strategien):

Unter der gemischten Strategie des Spielers i mit der Strategienmenge $S^i = \{s_1^i, \cdots, s_{n_i}^i\}$ versteht man einen Vektor $\hat{s}^i = (\hat{s}_1^i, \cdots, \hat{s}_{n_i}^i)^t$ mit $\sum_{j=1}^{n_i} \hat{s}_j^i$ $\hat{s}_j^i \geq 0 \quad \forall 1 \leq j \leq n_i$. Eine gemischte Strategie des Spielers i heißt stark gemischt, wenn $\hat{s}_j^i > 0 \quad \forall 1 \leq j \leq n_i$.

Gemischte Strategien sind echte Verallgemeinerungen der reinen Strategien, weil jede reine Strategie $s_k^i \in S^i$ mit der gemischten Strategie identifiziert werden kann, für die $\hat{s}_k^i = 1$ gilt. Die Menge der gemischten Strategien ist die konvexe Hülle der Menge der reinen Strategien und kompakt.

Die Existenz eines Nash-Gleichgewichtes wird durch folgenden Satz gewährleistet:

Satz (Existenz eines Nash-Gleichgewichts):

Sei $\Gamma = (A, S, U)$ ein Spiel mit Auszahlung. Des Weiteren gebe es für alle Spieler i ein $d_i \in IN$ so dass $S^i \subseteq IR^{d_i}$. Dann besitzt Γ ein Nash-Gleichgewicht, wenn die Strategienmenge $S^i \subset IR^{d_i}$ für alle Spieler i kompakt und konvex ist und die Auszahlungsfunktion für den i-ten Spieler

[29] vgl. Schlee (2003) Seite 35 und 36

$U^i : S^i \times S^{i-1} \to IR$ stetig und beschränkt und für festes $s^{-i} \in S^{-i}$ in $s^i \in S^i$ quasi-konkav ist.

Der Beweis dieses Satzes basiert gem. Schlee (2003) Seite 38ff darauf, dass genau dann ein Nash-Gleichgewicht existiert, wenn die Best-Antwort einen Fixpunkt hat. Die Existenz des Fixpunktes wiederum erfolgt mit dem Satz von Kakutani.

3.2 Einmaliges Kontrollspiel

In diesem Unterkapitel werden wir das Kontrollspiel als einmaliges, nicht-kooperatives Zwei-Personen-Spiel mit Auszahlung beschreiben und modellieren. Dazu wird es in der Normalform[30] durch die Bi-Matrix-Darstellung angegeben.

Dieses Spiel wird von beiden Spielern zunächst simultan gespielt und das Nash-Gleichgewicht als Lösung des Spiels mit Hilfe der besten Antworten in gemischten Strategien gesucht. Schließlich wird in der Führerschaftsvariante dieses Spiels gezeigt, dass die glaubhafte Versicherung des Kontrolleurs eine bestimmte Strategie zu spielen zu einem besseren Design führt, weil dies zu dem gewünschten Verhalten, Realisieren der Minimalfehlerquote, auf Seiten des Kontrollierten führt.

---

[30] vgl. Schlee (2003), Definition 2.1.

Zur Modellierung treffen wir auf der Grundlage des letzten Abschnittes folgende Annahmen bzw. Voraussetzungen:

3.2.1 Voraussetzungen

$d > 0$	Nachlässigkeit in der Erfassung führt zu einem Zeitgewinn für den Erfasser. Der Parameter d ist, wenn überhaupt, nur dem Erfasser bekannt.
$b > d > 0$	Eine Strafe ist für den Erfasser schlimmer als der Vorteil des nachlässigen Erfassens. Der Parameter b kann seitens des Unternehmens, in dem Kontrolleur und Kontrollierter arbeiten, festgelegt werden.
$1 \geq \alpha \geq 0$	Ein bestimmter Anteil der Bestrafung wird dem Kontrolleur gutgeschrieben. Dieser Parameter kann ebenfalls vom Unternehmen festgelegt werden.
$c > 0$	Auch der Kontrolleur ist geschädigt, falls illegales Verhalten nicht aufgedeckt wird. Der Parameter c kann ebenfalls vom Unternehmen festgelegt werden.
$c > d$	Der Schaden für den Kontrolleur ist größer als der Nutzen des Kontrollierten bei illegalem Verhalten.

$e > 0$ Die Kosten für die Kontrolle eines Geschäftes sind positiv. Der konkrete Wert für e hängt von den Personalkosten ab und davon, wie zeitaufwändig die Kontrolle ist. Darüber hinaus sind eventuelle Informations- und Softwarekosten zu berücksichtigen, die entstehen, wenn die Kontrolle maschinell unterstützt wird.

$e < c$ Die Kosten für die Kontrolle eines Geschäftes sind kleiner als der Schaden, der dem Kontrolleur entsteht, wenn eine Falscherfassung nicht aufgedeckt wird.

$(1-q) \geq \varepsilon > 0$ Der Kontrollierte kann keine vollständige Fehlerfreiheit garantieren, die Fehlerhäufigkeit kann nicht unter eine bestimmte Grenze gesenkt werden.

Illegales Verhalten wird durch eine Kontrolle immer aufgedeckt, legales Verhalten wird immer als solches erkannt und eine vereinnahmte Strafe kommt dem Kontrolleur nur teilweise zugute.

3.2.2 Das Spiel

Gemäß der Definition eines Spiels mit Auszahlung ist das folgende Spiel zu spielen:

$\Gamma = (A, S, U)$ mit $A = \{1,2\}$, S^1 = {Kontrolle, keine Kontrolle}, S^2 = {korrektes Verhalten, nicht korrektes Verhalten}, und U wie in folgender Bi-Matrix aufgeführt:

		Kontrollierter	
		Korrektes Verhalten (q)	**Nicht korrektes Verhalten** (1-q)
Kontrolleur	**Kontrolle** **(p)**	0 *-e*	*-b+d* $\alpha \cdot b - e$
	Keine Kontrolle **(1-p)**	*0* *0*	*d* *-c*

Abb. 10: Bi-Matrix-Darstellung des Kontrollspiels

3.2.3 Die Lösung im simultanen Spiel

Die erwarteten Zahlungen, Nutzen, der Spieler lauten:

Formel 12:

Für den Kontrolleur, Spieler 1:

$$E_1(p,q) = -epq + (\alpha b - e)p(1-q) - c(1-p)(1-q)$$

Für den Kontrollierten, Spieler 2:

$$E_2(p,q) = (-b+d)p(1-q) + d(1-p)(1-q)$$

Dabei berechnen sich die erwarteten Zahlungen der beiden Spieler wie folgt:

Angenommen, der Kontrolleur würde „Kontrolle" spielen mit Wahrscheinlichkeit p, dann wäre die beste Antwort des Kontrollierten $q = 0$ falls $p < \frac{d}{b}$, $q \in [0,1]$ falls $p = \frac{d}{b}$ und $q = 1$ falls $p > \frac{d}{b}$, siehe folgende Graphik:

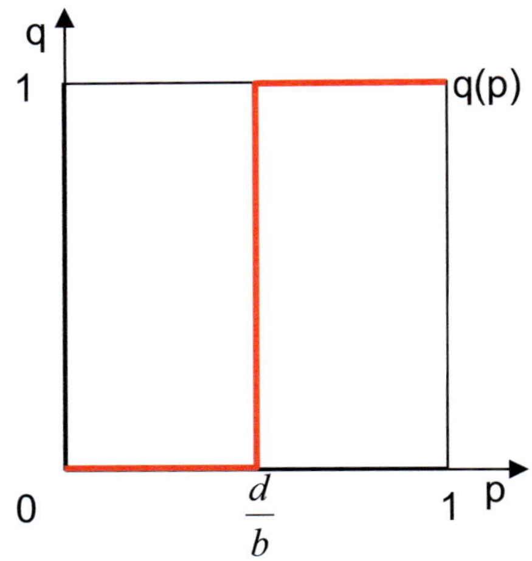

Abb. 11: Best-Antwort-Funktion des Kontrollierten

Angenommen der Kontrollierte würde „Korrektes Verhalten“ spielen mit Wahrscheinlichkeit q, dann wäre die beste Antwort des Kontrolleurs $p = 0$ falls $q > \frac{\alpha b + c - e}{\alpha b + c}$, $p \in [0,1]$ falls $q = \frac{\alpha b + c - e}{\alpha b + c}$ und $p = 1$ falls $q < \frac{\alpha b + c - e}{\alpha b + c}$, siehe folgende Graphik:

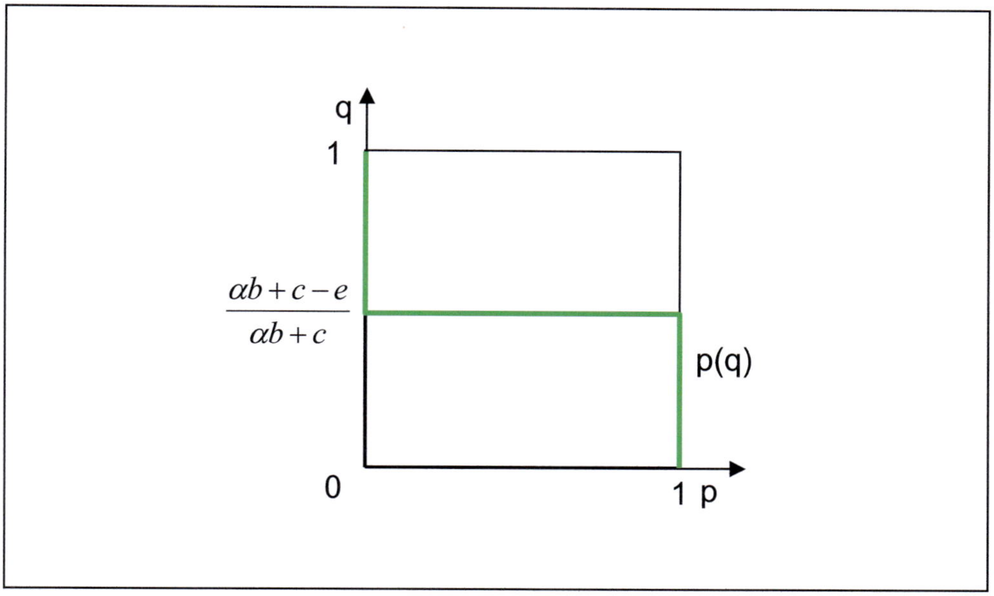

Abb. 12: Best-Antwort-Funktion des Kontrolleurs

Die beiden Funktionen der besten Antworten schneiden sich im (eindeutigen) Nash-Gleichgewicht:

Formel 13:

$$(p^*, q^*) = \left(\frac{d}{b}, \frac{\alpha b + c - e}{\alpha b + c} \right)$$

Dies ist in folgender Graphik dargestellt:

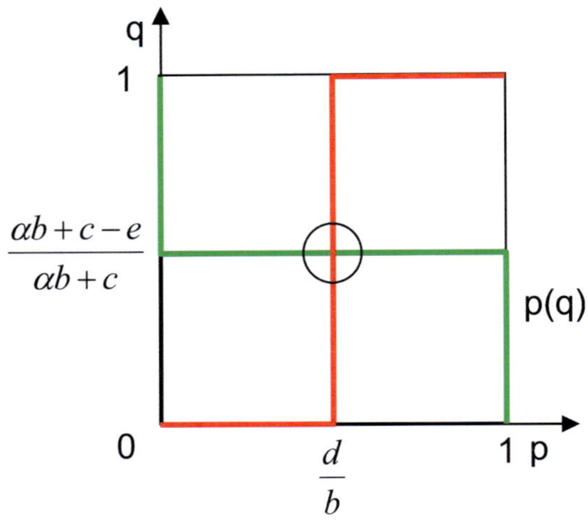

Abb. 13: Best-Antwort-Funktionen

Im Nash-Gleichgewicht ergeben sich die folgenden erwarteten Auszahlungen:

Formel 14:

$$E_1\left(p^*,q^*\right)=\frac{-ce}{\alpha b+c} \text{ und } E_2\left(p^*,q^*\right)=0$$

Der Parameter *b*, die Bestrafung, kann i. A. vom Unternehmen festgesetzt werden und je höher die Bestrafung ist, desto niedriger kann die Kontrollquote sein. Im Folgenden wird der Parameter $\alpha = 0$ gesetzt, die Bestrafung des Kontrollierten geht also nicht zu Gunsten des Kontrolleurs, etwa, weil sie nicht monetärer Natur ist. Der Parameter *d*, Vorteil für den Erfasser bei nachlässiger Erfassung, kann jedoch nur geschätzt werden. Die Fehlerhäufigkeit $1-\frac{c-e}{c}=\frac{e}{c}$ ist vom Unternehmen in Grenzen beeinflussbar, da es die Parameter *e*, Kosten für die Kontrolle, und *c*, Schaden für den Kontrolleur, bei nicht aufgedecktem Fehler, zumindest in Grenzen, steuern kann Die Steuerung von *c* ist allerdings nach oben begrenzt durch $c \leq \frac{e}{\varepsilon}$ weil nach Voraussetzung $1-\frac{c-e}{c}=\frac{e}{c} \geq \varepsilon$ gilt.

Es zeigt sich, dass das Unternehmen die Fehlerhäufigkeit auf Seiten des Kontrollierten reduzieren kann, wenn die Strafe für den Kontrolleur entsprechend hoch angesetzt wird. Außerdem kann die Kontrollhäufigkeit, und damit auch die Kontrollkosten, gesenkt werden wenn das Unternehmen die Bestrafung für den Erfasser anhebt. Dies widerspricht der Anschauung: Man würde erwarten, dass eine Erhöhung der Strafe für den Erfasser zu einer sinkenden Fehlerquote, also zu einer höheren Sorgfalt führt. In o. a. Modell jedoch führt dies nur zu einer niedrigeren Kontrollhäufigkeit und hat keinen Einfluss auf die Fehlerquote!

Mit der Fehlerhäufigkeit von $\left(1-q^{*}\right)=\frac{e}{c}$ und der Kontrollhäufigkeit von $p^{*}=\frac{d}{b}$ liegen die, erwarteten, Auszahlungen der beiden Spieler bei $\left(-e,0\right)$

und die erwartete Anzahl gefundener Fehler in einer Grundgesamtheit vom Umfang N bei:

Formel 15:

$$E(X) = p^* N \cdot \frac{(1-q^*) \cdot N}{N} = p^* \cdot (1-q^*) \cdot N = \frac{de}{bc} \cdot N$$

Man erwartet also mit Formel 15 einen Fehleranteil von $\frac{de}{bc}$. Des Weiteren ist damit zu rechnen, dass nur p^* aller fehlerhaften Geschäften in der Stichprobenprüfung zu finden sind. In der Tat gilt:

$$\frac{\frac{de}{bc} \cdot N}{\frac{e}{c} \cdot N} = \frac{de}{bc} \cdot \frac{c}{e} = p^*$$

Des Weiteren sind die Kosten für die Kontrolle im Nash-Gleichgewicht mit $e\frac{d}{b}N$ anzusetzen.

Im Folgenden wird dies an einem Beispiel näher erläutert:

Beispiel 4:

Gegeben seien Personalkosten für den Kontrolleur in Höhe von 50.000 € Brutto incl. Lohnnebenkosten. Die Kontrolle eines Geschäftes möge 2

Minuten dauern. Dann sind die Kosten für die Kontrolle eines Geschäftes bei einer Netto-Arbeitszeit pro Jahr von 200 Tagen à 8 Stunden anzusetzen mit $e = \frac{50.000}{200 \cdot 8 \cdot 60} \cdot 2 = 1{,}0417€$. Sei $d = 0{,}25$ und sei weiterhin $b = c = 4$ und die Minimalfehlerquote liege bei 1%. Dann liegt das Nash-Gleichgewicht bei $(p^*, q^*) = (6{,}25\%, 73{,}96\%)$ und die tatsächliche Fehlerquote liegt bei 26,04%. Setzt man eine Grundgesamtheit von 1.000 Geschäften pro Tag an, so sind 63 Geschäfte zu prüfen. Die Kosten liegen bei 65,11€. Damit ist der Kontrollaufwand um 3,25% bzw. 36,46€ niedriger als im aktuellen Status Quo, der 10% der Geschäfte prüft.

Dabei verhalten sich die Fehlerhäufigkeit und die Kontrollhäufigkeit in Abhängigkeit von den festgelegten Strafen wie in den beiden folgenden Graphiken:

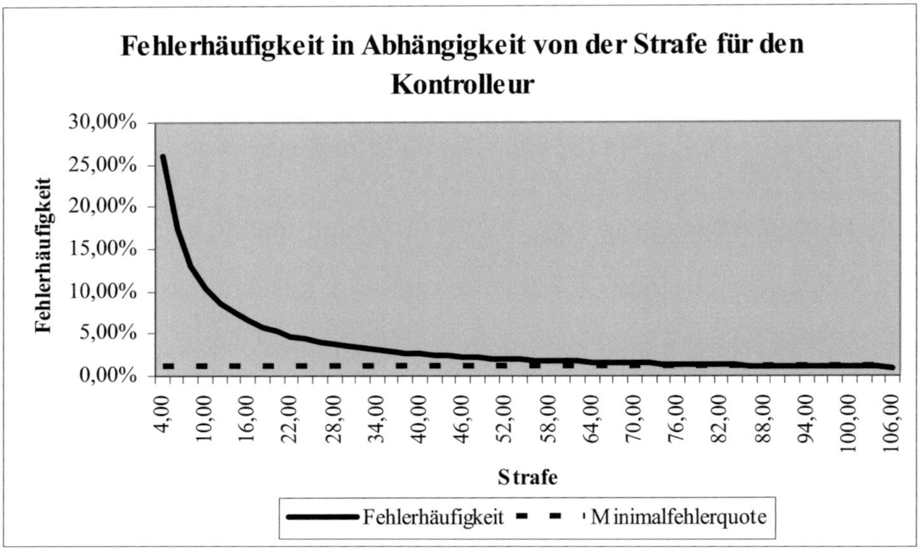

Abb. 14: Fehlerhäufigkeit

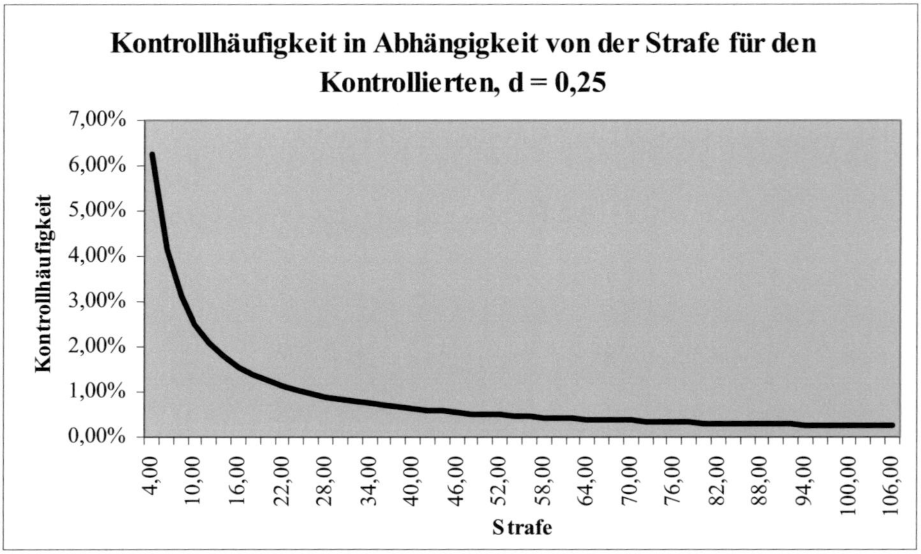

Abb. 15: Kontrollhäufigkeit

Es ist oftmals möglich, das die beiden Spieler ihre Spielzüge nicht gleichzeitig durchführen können bzw. wollen. Man kann hier von einem first mover advantage oder second mover advantage als Anreiz für das nicht-simultane Ziehen sprechen. Die Spieler sind in einer so genannten Stackelberg-Spiel-Situation. Spiele in dieser Klasse werden auch als Führerschaftsspiele bezeichnet.

3.2.4 Die Lösung im Führerschaftsspiel

"*A strategic move is one that influences the other person`s choic, in a manner favourable to on`s self by affecting the other person`s expectations on how one`s self will behave. One constrains the partner`s choice by constraining one`s own behaviour. The object is to set up for one`s self and communicate persuasively to the other player a mode of behaviour (including conditional responses to the other`s behaviour) that leaves the other a simple maximization problem whose solution for him is the optimum for one`s self, and to destroy the other`s ability to do the same.*[31]"

Was Thomas Schelling als *strategic move* bezeichnet, wird üblicherweise unter dem Begriff Führerschaftsprinzip zusammengefasst[32]. Auf den ersten Blick erscheint es merkwürdig, dass die Einschränkung der eigenen Wahlmöglichkeiten zu einer Verbesserung der eigenen Situation führen

[31] Schelling (1960) Seite 160

[32] siehe Wölling (2002) Seite 1

kann. Aber durch die geschickte und vor allem glaubwürdige Einschränkung der eigenen Möglichkeiten können die Erwartungen des anderen Spielers über das eigene künftige Verhalten vorteilhaft beeinflusst werden.

Konkret ist es also notwendig, dass der Spieler, der das Führerschaftsprinzip anwenden will, seine persönliche Beschränkung seiner eigenen Wahlfreiheit bekannt gibt, dass diese Beschränkung vor allem glaubwürdig ist und dass natürlich die Ankündigung erfolgt, bevor der andere Spieler seine Entscheidung trifft. Des Weiteren muss diese Einschränkung auch tatsächlich geeignet sein das Verhalten des anderen Spielers, bzw. bei Spielen mit mehreren Spielern, das Verhalten der anderen Spieler in der gewünschten Art und Weise beeinflussen zum können. Dies kann beispielsweise auf folgende drei Arten geschehen:

1. Der bedingungslose Zug:

Hierbei orientiert sich das eigene Verhalten nicht am Verhalten des anderen Spielers. Dies setzt jedoch voraus, dass der betreffende Spieler auch tatsächlich die Möglichkeit zum ersten Zug hat.

2. Die Drohung:

… ist eine Antwortregel, nach der der betreffende Spieler unter bestimmten Voraussetzungen (nicht erwünschte Strategie des Gegenspielers), eine für beide unvorteilhafte Handlungsalternative wählt. Als Beispiel kann hier die Erstschlagsdoktrin der NATO angeführt werden, die als Antwort auf einen konventionellen Angriff der ehemaligen Sowjetunion die nukleare Verteidigung vorsah. In der folgenden Graphik sind die Entscheidungsmöglichkeiten der einzelnen Spieler dargestellt:

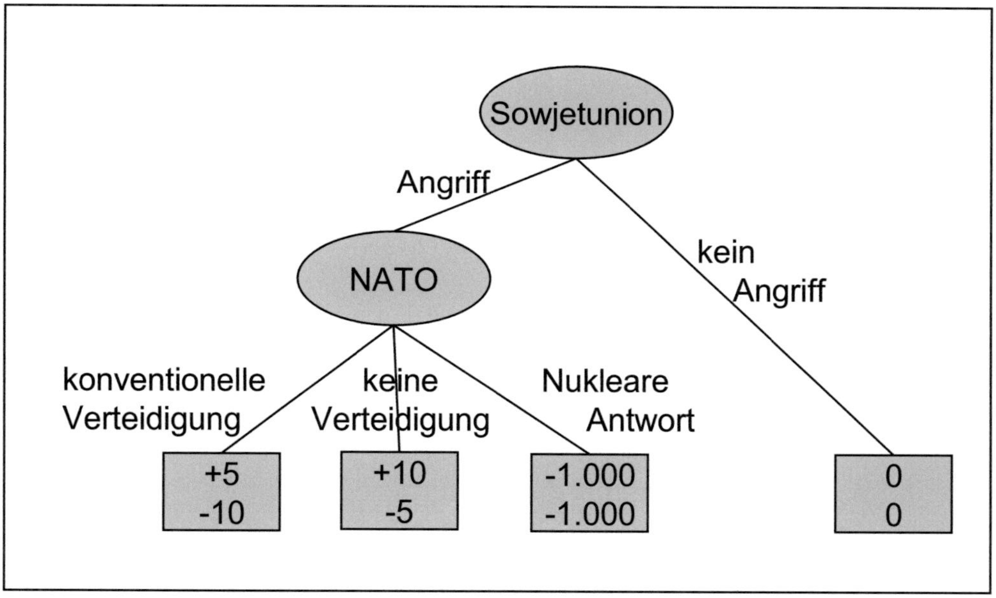

Abb. 16: Erstschlagsdoktrin der NATO als Drohung

Im Falle eines Angriffs seitens der Sowjetunion und einer konventionellen Verteidigung hätte die Sowjetunion einen Vorteil von (+5) die NATO dagegen einen Nachteil in Höhe von (-10). Würde die NATO den Angriff unbeantwortet hinnehmen, würde die Sowjetunion (+10) gewinnen, die NATO (-5) verlieren. Falls die NATO mit einem Nukearschlag geantwortet hätte, wäre dies für beide Seiten verheerend gewesen (-1.000 für beide). Im Falle keines Angriffes wäre der Status-Quo gewahrt und beide hätten eine identische Auszahlung in Höhe von (0). In dieser Situation besteht für die Sowjetunion ein Anreiz zum Angriff und die NATO wird mit Sicherheit nicht reagieren. Die Drohung der nuklearen Antwort macht die Spielausgänge (+5,-10) und (+10,-5) unmöglich. Damit ist ein Angriff für die Sowjetunion unsinnig geworden.

3. Das Versprechen:

Das wesentliche Merkmal des Versprechens ist die glaubhafte Ankündigung, dass man selbst eine Strategie wählt, obwohl man an und für sich eine andere Alternative wählen würde, wenn der Gegner die gewünschte Strategie spielt. Das Gefangenen-Dilemma und verwandte Probleme seien hier als Beispiele genannt.

Da die Glaubwürdigkeit bei den oben genannten drei Methoden eine ganz zentrale Voraussetzung dafür ist, dass die Führerschaft zum gewünschten Verhalten des Gegners führt, ist diesem Punkt besondere Aufmerksamkeit zu widmen. Genannt werden sollen nur einige Maßnahmen, die die Glaubwürdigkeit der Ankündigung untermauern können:

Das Etablieren oder Ausnutzen von Reputation:

Dies ist eine Maßnahme, die beispielsweise in der Erziehung von Kindern eine wichtige Rolle spielt. Ein weiteres Beispiel wird in Puzo (1977) auf Seite 321 angegeben:

„Durch den Bocchicchio-Clan lief eine erbliche Veranlagung: Sie waren dumm. Aber vielleicht waren sie auch nur primitiv. (…) Indes, sie besaßen zwei wertvolle Eigenschaften: ihre Ehre und ihre Wildheit. (…) Niemals vergaß ein Bocchicchio eine Beleidigung, niemals ließ er sie ungerächt. Die Folgen kümmerten ihn nicht. (…) Da die Bocchicchios so ungeheuer primitiv waren, ließen sie sich durch nichts, durch keine noch so schwere Strafe von ihrer Rache abschrecken. Sie gaben ihr Leben hin, um Vergeltung zu üben, und wurden sie einmal verraten, gab es vor ihrem Zorn kein Entrinnen."

Im Roman „Der Pate" etablieren die Mitglieder der Bocchicchio-Familie über Jahre hinweg eine Reputation hinsichtlich ihrer Reaktion auf Kränkungen aller Art oder auf Attentate auf eines ihrer Familienmitglieder. Auch wenn dies im Roman auf die als primitiv beschriebene Persönlichkeitsstruktur zurückgeführt wird und nicht auf eine strategische Entscheidung, so zeigt sich doch, dass dies von allen anderen New Yorker (Mafia-) Familien in die eigenen Entscheidungen einbezogen und auch vorweg genommen wird.

Schriftliche Verträge:

Der Kreditnehmer kann im Kreditvertrag ankündigen, ein risikoarmes Projekt zu wählen, das er ohne Kreditvertrag nicht wählen würde.

Brücken hinter sich abbrechen:

Eine Armee, die keine Fluchtmöglichkeit mehr hat, kann nur noch bis zum „bitteren Ende“ kämpfen oder sich ergeben. Das bewusste Abschneiden von Rückzugsmöglichkeiten dient in dieser Situation der Ankündigung eines erbitterten Kampfes[33]. Beispielsweise hat William der Eroberer 1066 nach der Landung in England alle seine Schiffe verbrannt. Damit erreichte er eine bedingungslose Selbstbindung eher zu kämpfen als aufzugeben oder sich zurückzuziehen. Gleiches tat Cortéz, als er nach seiner Landung in Mexiko alle Schiffe verbrennen oder unbrauchbar machen lies. Seine Soldaten hatten keine andere Wahl als zu kämpfen, obwohl sie zahlenmäßig unterlegen waren. Da das Verbrennen der eigenen Schiffe den gegnerischen Soldaten bekannt war, konnten sie davon ausgehen, dass Cortéz′ Armee bis zum bitteren Ende würde kämpfen müssen, wohingegen sie selbst die Option zum Rückzug hatten und in der Folge auch nutzten.

Als ökonomisches Beispiel aus neuerer Zeit sei die jahrelange Weigerung der Polaroid Corporation über das Sofortbildgeschäft hinaus zu

[33] vgl. Dixit, Nalebuff (1997) Seite 150

diversifizieren angeführt. Damit hat die Polaroid Corporation sich selbst dazu verpflichtet, jeden Eindringling in diesen Markt entschlossen zu bekämpfen.

Abgeben der Kontrolle über zukünftige Spielzüge:

Diese Methode wird beispielsweise in Vertragsverhandlungen eingesetzt in denen Unterhändler die Verhandlungen führen.

All diesen Maßnahmen ist eines gemein: Sie machen es kostspielig oder gar vollkommen unmöglich, die Wahl der angekündigten Strategie zu verändern.

Im Arbeitsumfeld, auf das sich diese Arbeit erstreckt, ist die Methode des bedingungslosen Zuges in Kombination mit dem Abgeben der Kontrolle über das weitere Vorgehen angebracht:

- Der Kontrolleur kann den für ihn optimalen Stichprobenumfang schriftlich ankündigen.

- Der Kontrolleur kann die Bestrafung über ein, ebenfalls schriftliches, Eskalationsprozedere festlegen.

Darüber hinaus kann die Glaubwürdigkeit dadurch unterstrichen werden, dass der Kontrolleur sich bereit erklärt einen Teil der Schäden zu übernehmen, die dadurch entstehen, dass er ein Fehlverhalten zwar aufgedeckt aber nicht eskaliert hat, oder die durch ein Fehlverhalten entstehen welches er im Rahmen seiner Kontrolle nicht gefunden hat.

Im Folgenden wird gezeigt, inwiefern die glaubhafte Versicherung des Kontrolleurs, eine bestimmte Strategie zu spielen, zur Minimierung der Fehlerquote führt. Nach Formel 12, Formel 13 und Formel 14 gilt:

Formel 16:

$$E_1\left(p < \frac{d}{b}, q = 0\right) = (c-e)p - c$$

$$E_1\left(p = \frac{d}{b}, q = \frac{c-e}{c}\right) = -e$$

$$E_1\left(p > \frac{d}{b}, q = 1\right) = -ep$$

Graphisch sieht das folgendermaßen aus:

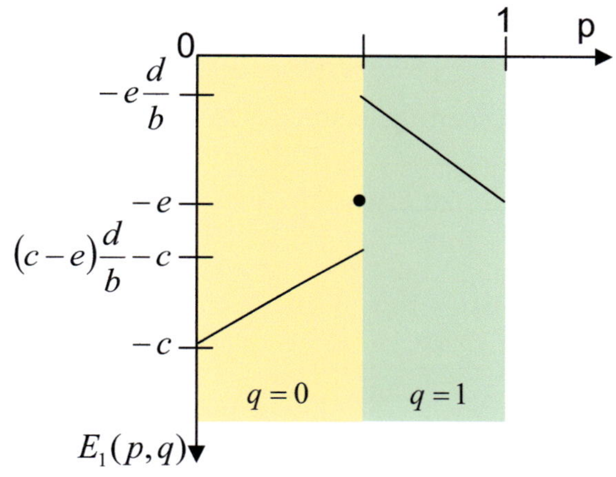

Abb. 17: Erwartete Auszahlung des Kontrolleurs, qualitative Darstellung

Aus der Formel 16 und ihrer graphischen Darstellung lässt sich ableiten, dass die glaubhafte Versicherung des Kontrolleurs, seine Kontrollen mit Wahrscheinlichkeit $p > \frac{d}{b}$ durchzuführen zu einer, für ihn, höheren Auszahlung führt, als im Nash-Gleichgewicht zu erwarten ist. Mehr noch, er zwingt durch diese glaubhafte Versicherung den Erfasser, seine Fehlerquote auf das mögliche Minimum ε zu senken[34].

[34] vgl. Aumann, Hart (2002) Seite1978 ff

Die Strategie $\left(p^*,q^*\right)=\left(\frac{d}{b},1-\varepsilon\right)$ ist das Nash-Gleichgewicht im Führerschaftsspiel, weil ein einseitiges Abweichen eines der Akteure zu keiner einseitigen Verbesserung seiner eigenen Situation führt. Es ist bei Durchführen der Kontrolle zu erwarten, dass $E(X(t))=p\varepsilon N>\frac{d}{b}\varepsilon N$ Fehler gefunden werden. Die Kosten liegen bei $epN>\frac{d}{b}\varepsilon N$.

3.3 Mehrmaliges Kontrollspiel

Das Kontrollspiel kann jetzt mehrfach hintereinander, täglich, gespielt werden. Die Wiederholung kann theoretisch endlich oder unendlich sein, das Spiel zu einem Zeitpunkt $t > 0$ kann von den vorhergehenden Spielen unabhängig sein oder abhängig. Wiederholte Spiele sind ein Spezialfall von dynamischen Spielen[35]. Da kein Mitarbeiter unendlich lange in einem Unternehmen arbeitet und weil sich die Rahmenbedingungen des Unternehmens und innerhalb des Unternehmens immer wieder ändern ist eine unendliche Wiederholung realitätsfern. Also werden wir uns im Folgenden auf die endliche Wiederholung beschränken.

Gem. Rady (2000) wollen wir folgende Definition vornehmen:

[35] vgl. Rady (2000) Kapitel 4.1

Definition:

Sei Γ ein endliches Spiel. Dann ist Γ^T ein Spiel, in dem das Stufenspiel Γ T-mal hintereinander gespielt wird, $T \in IN \cup \{\infty\}$ und in dem jeder Spieler zu Beginn jeder Periode die gesamte Geschichte des Spiels kennt. Sei $0 < t \leq T \in IN \cup \{\infty\}$, dann bezeichnet Γ^t das Spiel Γ zum Zeitpunkt t.

3.3.1 Endliche unabhängige Wiederholung des simultanen Kontrollspiels

Zunächst werden wir uns der Situation zuwenden, dass die Variablen im simultanen Kontrollspiel an jedem Tag gleich bleiben und das Kontrollspiel endlich oft gespielt wird.

Der Satz 4.1 in Rady (2000) ist in dieser Situation anwendbar, nach dem die endliche Wiederholung des Stufenspiels Γ ein eindeutiges teilspielperfektes Gleichgewicht hat, nämlich die T-fache Wiederholung des Nash-Gleichgewichtes des Stufenspieles Γ.

Der Beweis folgt aus der Definition der Teilspielperfektheit[36] und dem Prinzip der Rückwärtsinduktion[37].

[36] siehe Rady (2000) Definition 3.4

[37] vgl. Rady (2000) Kapitel 3.1

Aus diesem Satz folgt, dass der Kontrolleur an jedem Tag mit der Kontrollhäufigkeit $p^* = \frac{d}{b}$ kontrolliert und sich der Erfasser an jedem Tag mit der Wahrscheinlichkeit $q^* = \frac{c-e}{c}$ mit den Regeln der korrekten Erfassung konform verhält. Die erwartete Anzahl gefundener Fehler liegt also bei $E(X(t)) = \frac{de}{bc} N(t)$ und die Kosten liegen auf jeder Stufe bei $e\frac{d}{b} N(t)$.

3.3.2 Endliche unabhängige Wiederholung des Führerschafts-Spiels

Im Falle des Führerschaftsspiels ist ebenfalls gem. Satz 4.1 in Rady (2000) die *T*-fache Wiederholung des Nash-Gleichgewichtes des Stufenspiels das teilspielperfekte Gleichgewicht des wiederholten Spiels.

Der Kontrolleur kündigt also an, immer wieder mit Wahrscheinlichkeit p^* leicht über $\frac{d}{b}$ zu kontrollieren und der Kontrollierte strebt seine Minimalfehlerquote ε an. Die erwartete Anzahl gefundener Fehler liegt demnach bei $E(X) = p^* \varepsilon N(t) > \frac{d}{b} \varepsilon N(t)$ und die Kosten liegen auf jeder Stufe bei $ep^* N(t) > e\frac{d}{b} N(t)$.

3.3.3 Endliche abhängige Wiederholung des simultanen Kontrollspiels

In diesem Unterkapitel werden wir uns der Situation zuwenden, dass die Variablen im Kontrollspiel an einem beliebigen Tag von den Spielausgängen der vorherigen Tage abhängen und das Kontrollspiel endlich oft gespielt wird. Dies kann beispielsweise bedeuten, dass die Bestrafung des Kontrollierten davon abhängt, wie oft er in der Vergangenheit bei einer Fehlerfassung erwischt wird oder dass die Bestrafung des Kontrolleurs davon abhängt, wie oft er eine Fehlerfassung in der Vergangenheit nicht entdeckt hat. Denkbar wäre hier etwa, dass die Höhe der Bestrafung des Kontrollierten im aktuellen Spiel davon abhängt, wie oft bzw. wie häufig, er innerhalb eines festgelegten Zeitraumes, z. Bsp. während der letzten 4 Wochen, bei einer Fehlerfassung ertappt wurde. Dabei ist die Minimalfehlerquote zu berücksichtigen.

Ersetzt man im einmaligen Kontrollspiel den Parameter b durch $b(t)$ und den Parameter c durch $c(t)$ dergestalt, dass die Bestrafung des Erfassers und die Bestrafung des Kontrolleurs im Spiel Nummer t von den Ausgängen der Spiele von 1 bis t-1 abhängt, so ist die Abhängigkeitsstruktur modelliert. Da die Anzahl der erfassten Geschäfte ebenfalls mit der Zeit variiert bezeichne $N(t)$ die Grundgesamtheit der zu prüfenden Geschäfte zum Zeitpunkt t. Das Prinzip der Rückwärtsinduktion ist in diesem Falle nicht anwendbar, da die

Strategie im letzten Spieldurchlauf von den Spielergebnissen der vorherigen Spiele abhängt.

Da sich die beiden Spieler an jedem Tag aufs Neue für ihre jeweilige optimale Strategie entscheiden müssen und an jedem Tag die gesamte Historie kennen, werden sie jeweils das Nash-Gleichgewicht für das vor ihnen liegende Spiel spielen. Es ist nicht notwendig, sich für die folgenden Spiele festzulegen. Also gilt:

Sei $\left(p_t^*, q_t^*\right)$ das Nash-Gleichgewicht im Spiel zum Zeitpunkt *t*, dann gilt für das Nash-Gleichgewicht $\left(p_t^*, q_t^*\right) = \left(\frac{d}{b(t)}, \frac{c(t)-e}{c(t)}\right)$ und für die erwartete Anzahl gefundener Fehler gilt $E(X(t)) = \frac{de}{b(t)c(t)} N(t)$, die Kosten liegen somit auf jeder Stufe bei $e\frac{d}{b} N(t)$.

3.3.4 Endliche abhängige Wiederholung des Führerschafts-Spiels

Diese Argumentation ist ebenso gültig in der Führerschaftsversion des Kontrollspiels. Also gilt für das Nash-Gleichgewicht $\left(p_t^* > \frac{d}{b(t)}, q_t^* = 1 - \varepsilon\right)$ und für die erwartete Anzahl gefundener Fehler gilt

$E(X(t)) = p_t^* \cdot \varepsilon \cdot N(t) > \frac{d}{b(t)} \cdot \varepsilon \cdot N(t)$, die Kosten liegen auf jeder Stufe somit bei $ep^* N(t) > \frac{d}{b} N(t)$.

3.4 Fazit/Modellerweiterungen

Die bisherigen Ausführungen zeigen deutlich, dass ein rein statistisches Vorgehen nicht optimal ist, denn es vernachlässigt die strategischen Interdependenzen der handelnden Akteure und kann, wie das folgende Beispiel zeigt, zur Verschwendung von Ressourcen führen:

Beispiel 5:

In der Situation aus Beispiel 4 ist eine stichprobenartige Kontrolle von 10% der Geschäfte viel zu hoch, denn 6,25% würde genügen. Ebenso wäre eine Stichprobe von kleiner als 6,25% vollkommen unwirksam, da dies den Kontrollierten dazu verleiten würde, nicht sorgfältig zu arbeiten.

Im Folgenden werden wir uns auf das wiederholte Führerschaftsspiel beschränken, da dieses für die aktuelle Problemstellung das passende Modell darstellt. Dennoch ist auch das abhängige Kontrollspiel in der Praxis geläufig, etwa bei der Geschwindigkeitskontrolle im Straßenverkehr. Hier ist die Bestrafung für eine einmalige Geschwindigkeitsübertretung niedriger als bei wiederholter Geschwindigkeitsübertretung. Organisatorisch wird dies über das Verkehrszentralregister des Kraftfahrt-Bundesamtes gewährleistet.

Auf der Internet Homepage des Kraftfahrt-Bundesamtes wird auch der Sinn des Punktesystems klar herausgestellt[38]: „*Das Punktsystem gewährleistet mit einem einheitlichen Maßnahmenkatalog die Gleichbehandlung aller im Straßenverkehr auffällig gewordenen Personen. Es gibt jedem Bürger die Möglichkeit, das Ausmaß des eigenen Fehlverhaltens laufend selbst zu beobachten und rechtzeitig zu korrigieren. Darüber hinaus gibt es Hilfestellungen, damit der Betroffene seine Mängel in der Fahreignung möglichst frühzeitig beseitigen und einen Punkteanstieg vermeiden kann. Das Punktsystem ist zu einem wichtigen Instrument der Verkehrssicherheit geworden, weil es präventive Wirkung zeigt.*“

Hier zeigt sich eindeutig, dass das Punktesystem, also die Struktur der Abhängigkeit, eine präventive Wirkung zeigen soll und somit ein Anreizsystem darstellt, welches zu regelkonformem Verhalten anhält. Hier ist insbesondere der Parameter b, die Bestrafung, die relevante Stellgröße.

In dieser Arbeit wird davon ausgegangen, dass jeder Kontrollierte eindeutig zu identifizieren ist. Somit spielt jeder Kontrollierte mit einem Kontrollierenden sein, individuelles, Kontrollspiel. Es kann jedoch in der Praxis vorkommen, dass eine Gruppe von Personen dergestalt stichprobenartig kontrolliert wird, dass lediglich bekannt ist, aus welcher Gruppe die zu kontrollierenden Einheiten stammen ohne zu wissen, welche Person hinter der einzelnen zu kontrollierenden Einheit steht. In diesem Fall

[38] http://www.kba.de/Start/stadt_fl.htm

spielt eine Gruppe von Kontrollierten ein Kontrollspiel. Innerhalb einer derartigen Gruppe jedoch besteht wiederum für jeden Einzelnen die Möglichkeit sich auf Kosten der übrigen Gruppenmitglieder einen persönlichen Nutzenvorteil zu verschaffen. Das entsprechende Modell besteht dann aus zwei Spielen: Einem Gefangenen-Dilemma auf der Ebene der einzelnen Gruppe und ein Inspektor-Spionspiel zwischen den Gruppen und dem Kontrollierenden.

Die bisherigen Ausführungen bezogen sich auf eine, im Prozess verankerte und sich wiederholende, Prüfsituation, in der eindeutig feststeht, ob der Kontrollierte einen Fehler gemacht hat oder nicht und dass die Wertung des Kontrollierenden dies fehlerfrei wiedergibt.

Bei einer Revisionsprüfung oder einer Prüfung durch Wirtschaftsprüfer ist zwar das Element der Wiederholung ebenfalls gegeben, die Abstände zwischen den Wiederholungen sind jedoch oftmals so groß, dass jede Prüfung für sich betrachtet werden kann ohne Verbindung zur letzten Prüfung. Dies kann dadurch begründet werden, dass die kontrollierten Personen und die kontrollierenden Personen in jeder Prüfung andere sind und / oder sich die Rahmenbedingungen verändert haben. Außerdem hat beispielsweise ein Wirtschaftsprüfer auf Basis nur weniger Beobachtungen (verhältnismäßig kleine Stichprobe) eine Aussage über das grundsätzliche Verhalten im abgelaufenen Zeitraum zu treffen. Ein möglicher Weg ist, aufgrund der Stichprobe und mit Mitteln der Statistik zu entscheiden, ob die

Grundgesamtheit in Ordnung war oder nicht. In diesem Fall bewegt sich der Prüfer im Bereich der Annahmekontrollen (s. Kapitel 2.2). Hier besteht wiederum auch die Möglichkeit des Irrtums, es kann zu Fehlern 1-ter und 2-ter Art kommen.

Der Fehler 1-ter Art bedeutet in diesem Zusammenhang, dass der Kontrolleur aus der Stichprobe fälschlicher Weise ableitet, der Kontrollierte habe sich nicht konform mit den bestehenden und einzuhaltenden Regeln, etwa der ordnungsgemäßen Buchführung, verhalten.

Der Fehler 2-ter Art beschreibt die Situation, dass der Kontrolleur fehlerhaftes Verhalten nicht aufdeckt, also ein positives Testat ausstellt, obwohl der Kontrollierte sich falsch verhalten hat.

Dieses Vorgehen, sowie seine spieltheoretische Einbettung, werden in Wölling (2002) auf Seite 67 ff. ausführlich diskutiert. Dort wird zunächst ein einfaches Modell aufgestellt, in dem der Kontrolleur nur ein Testverfahren zur Verfügung hat und der Kontrollierte nur eine Möglichkeit hat, sich falsch zu verhalten. Im erweiterten Modell steht dem Kontrolleur eine ganze Reihe von Testverfahren zur Verfügung, zwischen denen er sich, strategisch, entscheiden kann und der Kontrollierte hat ebenfalls eine Auswahl von mehreren, nicht regelkonformen, Strategien zur Verfügung. Wölling untersucht diese Modelle hinsichtlich der Gleichgewichte im simultanen Spiel und im Führerschafts-Spiel.

Immer dann, wenn der Kontrollierte mehrere Lokationen hat (Filialen, Tochtergesellschaften, Produktionsstandorte,...), an denen er sich nicht regelkonform verhalten kann, der Kontrollierende aber nicht alle Lokationen überprüfen kann, ist das Modell entsprechend anzupassen. Auch dieser Fall wird in Wölling (2002) auf Seite 95 ff. zunächst als simultanes Spiel und dann in seiner Führerschaftsvariante diskutiert und die Ergebnisse werden miteinander verglichen.

4 Anwendung auf betriebliche Kontrollen

In diesem Kapitel wird die oben erarbeitete Theorie gem. Abb. 1 auf eine konkrete betriebliche Fragestellung angewandt. Dazu muss zunächst das passende Spiel gefunden werden: Wir werden die Kontrolle gem. der Bi-Matrix aus Abb. 10 aufbauen. Das Kontrollspiel wird täglich aus Neue als endliche unabhängige Wiederholung des Führerschaftsspiels modelliert. Zunächst wird die konkrete Situation beschrieben. Dann wird das theoretische Modell auf die praktisch vorgefundenen Rahmenbedingungen angepasst. Die hauptsächliche Herausforderung bei der Umsetzung besteht im Schätzen der Parameter, die in das Modell eingehen. Hierzu wird ein Vorschlag vorgestellt, anhand eines „Laborexperimentes" getestet und die praktische Umsetzung beschrieben. Schließlich wird das Kontrolldesign praxistauglich dargestellt, die Umsetzung beschrieben und empirisch überprüft.

4.1 Beschreibung der konkreten Kontrollanforderung und Status Quo

In der HVB Luxembourg besteht eine, der Abteilung Risikokontrolle angegliederte, Kontrollgruppe die diverse Kontrollen vornimmt, um sicherzustellen, dass die Bank im Privatkundengeschäft die Vorschriften des Rundschreibens CSSF 2000/15 erfüllt. Im Rahmen einer Konzernrevisionsprüfung im Sommer 2004 wurde die Frage aufgeworfen, ob die stichprobenartige Kontrolle im Rahmen dieses Rundschreibens wirklich effizient ist. Diese Fragestellung motivierte zu dieser Arbeit. Im Folgenden wird zunächst die zu dieser Zeit durchgeführte Kontrolltätigkeit beschrieben.

4.1.1 Konkrete Problembeschreibung

Täglich werden ca. 150 zu prüfende Umsätze (Grundgesamtheit) identifiziert, von denen eine 10%ige Stichprobe unter anderem hinsichtlich der folgenden Punkte geprüft wird:

- Ist der Gesprächspartner festgehalten? (Kontoinhaber, Bevollmächtigter, Vermögensverwalter, …)
- Ist der Kundenwunsch dokumentiert?
- Wurde eine Kundenorder zeitnah verarbeitet?

- Ist das Know Your Customer Formular[39] vorhanden?
- Ist die Postabholervereinbarung bei hauslagernder Post vorhanden?
- Ist die Telefon- und Faxvereinbarung vorhanden?
- Ist bei Geschäften, die eine Termingeschäftsfähigkeit des Kunden erfordern, die entsprechende Vertragsgrundlage vorhanden?
- Ist der Risikohinweis in der Auftragsdokumentation gesetzt, wenn das Risiko des Wertpapiers nicht der Risikoklasse des Kunden entspricht?
- Ist der Analysebogen[40] vorhanden?
- Wurden Positionen im Kundendepot mit einer Risikoklasse, die höher ist als die Risikoklasse des Kunden, mit ihm besprochen?

4.1.2 Beschreibung des aktuellen Kontrolldesigns

Die Prüfung erfolgt in zwei Schritten:

---

[39] Erklärung der wirtschaftlichen Berechtigung der getätigten oder zu tätigenden Kontoumsätze und der Herkunft der Mittel. Es unterstützt die Verhinderung von Geldwäsche.

[40] enthält u. a. die Risikoeinschätzung des Kunden, Einschätzung der persönlichen Verhältnisse und der finanziellen Situation des Kunden

1. Schritt: Grobe Sichtkontrolle der einzelnen Umsätze auf Plausibilität im Gesamtkontext.

2. Schritt: Detailprüfung von 10% der Geschäfte, wobei die im ersten Schritt als „verdächtig" erkannten Geschäfte in diese Stichprobe aufgenommen werden.

Diese Prüfung ist stark vom Know-how der prüfenden Person abhängig und wegen der Subjektivität im ersten Schritt angreifbar.

4.2 Anpassung des theoretischen Modells auf die Praxis

Um das in Kapitel 3 vorgestellte theoretische Kontrollspiel in der Praxis einzusetzen, muss es noch an einige praktische Rahmenbedingungen angepasst werden.

4.2.1 Praxisrelevante Anpassungen

Neben den bereits eingeführten Bezeichnungen und Restriktionen aus Kapitel 3 sind in der Praxis die folgenden Restriktionen einzuführen, deren Gültigkeit direkt einsichtig ist:

$(1-q) \geq \varepsilon > 0$ Der Kontrollierte kann keine vollständige Fehlerfreiheit garantieren, die Fehlerhäufigkeit kann nicht unter eine bestimmte Grenze gesenkt werden. Diese Grenze ist sicherlich von der Person des Kontrollierten abhängig und ein subjektiver Parameter, der auch dem Kontrollierten selbst oftmals nicht bekannt sein dürfte.

$q > \delta$ Es ist dem Kontrollierten selbst unangenehm, eine gewisse Fehlerhäufigkeit zu realisieren. Dieser Parameter ist ebenso wie der Parameter ε eine subjektive Größe auf Seiten des Kontrollierten. Hier drückt sich aus dass jeder in einem Unternehmen Beschäftigte prinzipiell gewillt ist, eine gute Leistung zu zeigen.

$p > \mu$ Der Kontrollierte ist gem. aufsichtsrechtlicher Vorgaben gezwungen eine Kontrolle durchzuführen, dies wird beispielsweise durch die Innenrevision und durch Wirtschaftsprüfer gefordert.

$(1-p) \geq \eta > 0$ Der Kontrollierende kann aus Ressourcengründen seine Kontrollhäufigkeit nur bis zu einer gewissen Schranke anheben. Jeder weitere Anstieg ist entweder zu teuer oder aufgrund der Personalsituation nicht möglich.

Die Darstellung der Best-Antwort-Funktionen und des Nash-Gleichgewichtes sieht dann, in Analogie zu Abb. 13, folgendermaßen aus:

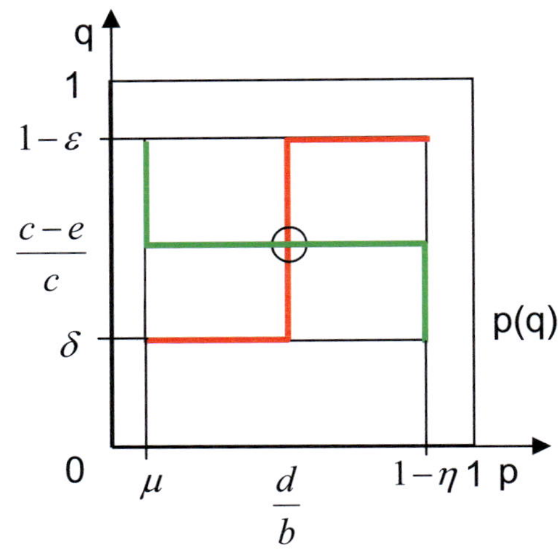

Abb. 18: Best-Antwort-Funktion nach praxisrelevanten Anpassungen

In Abb. 18 sieht man deutlich die Implikationen für den praktischen Einsatz: Solange der optimale Stichprobenumfang $\frac{d}{b}$ im Intervall $[\mu, 1-\eta]$ liegt, ist es möglich, die optimale Kontrollquote seitens des Kontrollierenden umzusetzen. Falls jedoch $\frac{d}{b} < \mu$ ist, ist die, eventuell extern vorgegebene, Kontrollquote sinnlos, weil sie einen unnötig hohen Aufwand verlangt. Für den Fall, dass der optimale Stichprobenumfang höher ist, als die von den Ressourcen her mögliche Grenze, also $1-\eta < \frac{d}{b}$ gilt, liegt das Argument für zusätzliche Ressourcen zur Durchführung der Kontrollen, oder für strengere Bestrafungen auf der Hand.

Nach Formel 12, Formel 13 und Formel 14 gilt mit diesen weiteren Einschränkungen:

Formel 17:

$$E_1\left(p < \frac{d}{b}, q = \delta\right) = (c(1-\varepsilon) - e)p - c(1+\delta)$$

$$E_1\left(p = \frac{d}{b}, q = \frac{c-e}{c}\right) = -e$$

$$E_1\left(p > \frac{d}{b}, q = 1-\varepsilon\right) = (-e + c\varepsilon)p - c\varepsilon$$

Graphisch sieht das folgendermaßen aus:

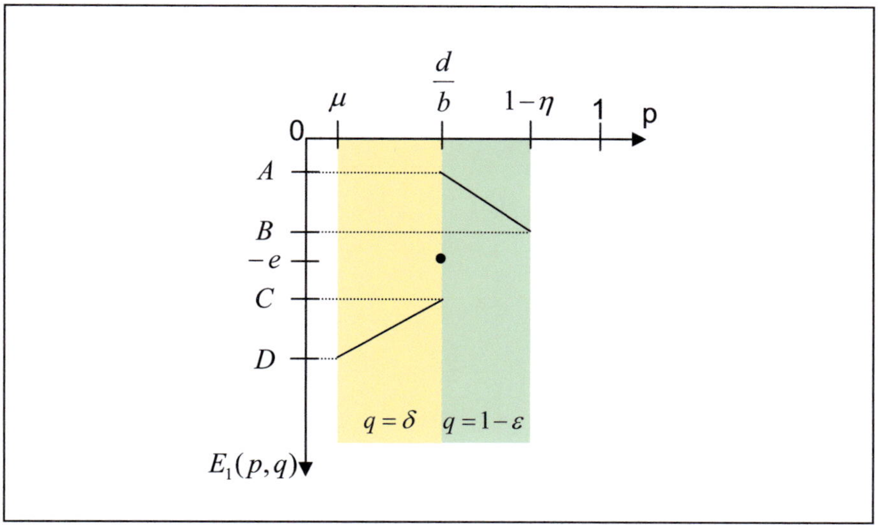

Abb. 19: Erwartete Auszahlung des Kontrolleurs, qualitative Darstellung

Dabei gilt:

Formel 18:

$$A = E_1\left(p = \frac{d}{b}, q = 1-\varepsilon\right) = (-e + c\varepsilon)\frac{d}{b} - c\varepsilon$$
$$B = E_1(p = 1-\eta, q = 1-\varepsilon) = (-e + c\varepsilon)(1-\eta) - c\varepsilon$$
$$C = E_1\left(p = \frac{d}{b}, q = \delta\right) = (c(1-\varepsilon) - e)\frac{d}{b} - c(1+\delta)$$
$$D = E_1(p = \mu, q = \delta) = (c(1-\varepsilon) - e)\mu - c(1+\delta)$$

4.3 Schätzen der relevanten Parameter

Da die Parameter d und b subjektive Parameter des Kontrollierten darstellen, ist es äußerst schwierig, wenn nicht gar unmöglich, diese in der Praxis einzeln zu ermitteln. Es sollte jedoch möglich sein ihren Quotienten, also die optimale Kontrollquote, direkt zu ermitteln, indem die Best-Antwort-Funktion des Kontrollierten empirisch ermittelt wird. Dort, wo diese Funktion der Aufmerksamkeit in Abhängigkeit von der Höhe der Stichprobe einen Knick aufweist, ist die optimale Kontrollquote anzusiedeln.

Um diesen Weg zu testen wurde zunächst eine künstliche Laborsituation geschaffen. Die Rahmenbedingungen waren kontrollierbar und somit konnten die relevanten Parameter vorgegeben und die Ergebnisse empirisch sauber erhoben und mit den theoretisch erwarteten Ergebnissen verglichen werden[41]. Interessanter Weise verhielten sich die Probanden, mit einer Ausnahme, aber nicht rational, wenn vorausgesetzt wird, dass Belohnung und Bestrafung von den Probanden gleich bewertet werden. Es ist ein deutlicher Hinweis darauf zu finden, dass eine Belohnung geringer eingeschätzt wird als eine Bestrafung in gleicher Höhe, jeweils in Geldeinheiten gemessen. Damit bestätigte sich die Vermutung, dass Menschen sich nur eingeschränkt rational verhalten und schon bei sehr einfachen Fragestellungen subjektive Nutzenfunktionen zum Tragen kommen, die den handelnden Personen eventuell nur eingeschränkt bewusst sind[42].

Es zeigte sich aber auch, dass es möglich ist, den optimalen Stichprobenumfang zu ermitteln, indem unter kontrollierten Rahmenbedingungen das Verhalten der zu Kontrollierenden beobachtet wird. Nach dem Laborexperiment wurde dann, wie im Laborexperiment bereits durchgeführt, die empirische Best-Antwort-Funktion in der Praxis unter realen Bedingungen für verschiedene Kontrollierte ermittelt.

Die experimentelle Bearbeitung ökonomischer Fragestellungen ist eine verhältnismäßig neue Methode, die erst in der Mitte der 70er Jahre ihren Weg aus dem Schattendasein der Kuriosität in die wissenschaftliche Literatur

---

[41] für eine tabellarische Darstellung der Ergebnisse siehe Anhang

[42] siehe auch Selten (1999), Seite 5 ff.

fand[43]. Alvin E. Roth unterteilt die verschiedenen Felder der experimentellen Wirtschaftswissenschaft in die folgenden drei Kategorien: „*Speaking to Theorists*“, „*Searching for Facts*“ und „*Whispering in the Ears of Princes*“.

Dabei ist klar, dass ein Experiment nicht notwendigerweise exklusiv in eine dieser drei Kategorien fallen muss, sondern eventuell zu zwei oder gar allen drei Kategorien zugeordnet werden kann. Die erste Kategorie „Speaking to Theorists“ fasst alle Experimente zusammen, die ausgeführt werden um wohl formulierte Theorien zu testen. Sie dienen dazu, die Voraussagen einer Theorie zu untermauern oder zu widerlegen um unvorhergesagte Regelmäßigkeiten aufzuzeigen indem sie unter kontrollierten Bedingungen stattfinden. Die empirischen, zweifelsfreien, Ergebnisse sind dann gegen die theoretisch vorhergesagten Ergebnisse zu prüfen. Sie sind von der theoretischen Literatur motiviert und wirken auf diese zurück. Die Kategorie „Searching for Facts“ beinhaltet alle Experimente, die dazu dienen Aussagen über Variablen zu treffen, über die bestehende Theorien wenig oder gar nichts aussagen. Sie sind motiviert von interessanten, noch nicht erklärten Phänomenen und sind eher Bestandteil der Diskussion zwischen den Experimentatoren und weniger Teil des Dialoges zwischen Theoretikern. Sie unterstützen den Wissenschaftler beim Verständnis früherer Untersuchungen. Experimente, die in die Kategorie „Whispering in

[43] Roth (1987) Seite 1

the Ears of Princes" fallen, entstammen dem Dialog zwischen Experimentatoren und Entscheidungsträgern der Praxis. Sie sind motiviert durch praktische Fragestellungen und können dadurch charakterisiert werden, dass sie unter kontrollierbaren künstlichen Bedingungen durchgeführt werden, die so realitätsnah wie möglich sein sollten, um Voraussagen über zu erwartendes Verhalten zu treffen.

Das folgende Laborexperiment fällt eindeutig in die erste Kategorie, denn aus dem spieltheoretischen Design der zu bearbeitenden Fragestellung lassen sich Vorhersagen zum Verhalten der Spieler ableiten. Diese werden experimentell unter kontrollierten Bedingungen verifiziert. Die darauf aufbauende praktische Umsetzung ist eher der zweiten Kategorie zuzuordnen, denn die praktische Umsetzung erfordert eine Aussage über einen Parameter, der theoretisch nicht hergeleitet werden kann. Die Umsetzung streift aber ebenfalls die dritte Kategorie, weil sie durch eine eindeutig praktische Fragestellung motiviert ist und der praktischen Umsetzung wegen durchgeführt werden muss.

4.3.1 Das Experiment

Das folgende Laborexperiment wurde mit fünf Probanden durchgeführt. Jeder Proband wurde gebeten, 10 Rechenaufgaben, ein Aufgabenpaket, zu bearbeiten. Jede dieser Rechenaufgaben bestand in der Addition von 10 einstelligen ganzen Zahlen, die zufällig zwischen (-9) und (+9), jeweils einschließlich, ausgewählt wurden. Für das Bearbeiten des Aufgabenpaketes hatte er insgesamt 180 Sekunden Zeit. Die jeweiligen Ergebnisse waren in einem Excel-Sheet einzutragen. In der folgenden Abbildung ist ein solches Aufgabenpaket dargestellt:

Aufgabe 1:	+1	-1	-2	+0	+1	+2	+4	-3	+3	+1	+6
Aufgabe 2:	-3	-4	-5	+3	+3	+5	+0	+4	-1	+2	+4
Aufgabe 3:	+4	+4	+1	+0	+4	-1	-1	+2	-4	-2	+7
Aufgabe 4:	-2	-4	+1	+4	-3	-4	-3	-3	-5	-4	-23
Aufgabe 5:	+3	+2	-2	+1	+3	+5	-3	-1	+0	-4	+4
Aufgabe 6:	+1	-3	-3	+1	-1	-4	-3	+1	+1	+2	-8
Aufgabe 7:	+0	-3	+1	+0	+4	+4	-4	-3	-4	+2	-3
Aufgabe 8:	+4	-2	-1	+5	+2	+1	+3	-5	+1	+1	+9
Aufgabe 9:	+4	+2	-3	-5	-1	+4	-3	+0	+1	-2	-3
Aufgabe 10:	-5	+0	+1	-3	+1	+2	+2	-3	+5	-2	-2

Abb. 20: Die Aufgaben im Experiment

Die Ergebnisse wurden dann mit einem vorgegebenen, und dem Probanden bekannten, Stichprobenumfang auf Korrektheit geprüft. Für jedes, im Rahmen der Stichprobe aufgefallenes, falsche Ergebnis wurde er mit ($-x$) GE bestraft. Die Zeit, die er benötigte um die Aufgaben zu bearbeiten wurde festgehalten und die durchschnittliche Bearbeitungszeit pro Aufgabe bestimmt. Für jede Sekunde, die er pro Aufgabe schneller war als 18 Sekunden, erhielt er eine Gutschrift in Höhe von ($+y$) GE. Sein

Gesamtergebnis pro Aufgabenpaket bestand in der Summe aus Bestrafung und Gutschrift. Der Stichprobenumfang, die Anzahl gefundener Fehler, die Bestrafung, der Zeitvorteil pro Aufgabe sowie die Gutschrift wurden dem Probanden nach dem Bearbeiten eines Aufgabenpaketes mitgeteilt. Nach dem Bearbeiten eines Aufgabenpaketes wurde er gebeten, ein weiteres Aufgabenpaket nach obigem Muster zu bearbeiten. Die Ergebnisse wurden dem Probanden jeweils mitgeteilt und das Gesamtergebnis im Zeitablauf graphisch dargestellt, wie in den folgenden beiden Graphiken dargestellt:

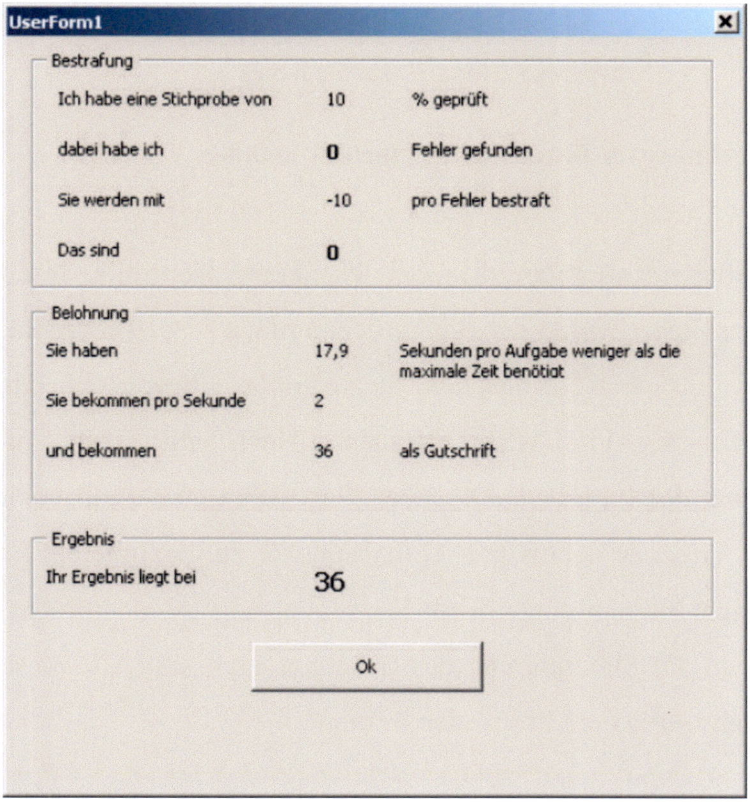

Abb. 21: Mitteilung nach einem Aufgabenpaket

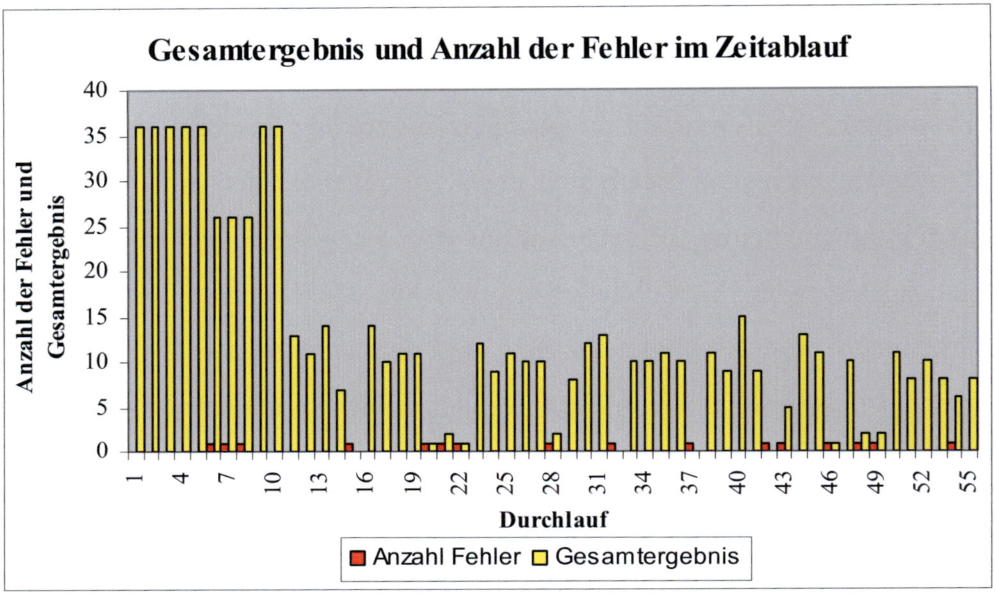

Abb. 22: Gesamtergebnisse im Zeitablauf für einen Probanden

Der anfängliche Stichprobenumfang lag bei 0%, keine Kontrolle. Nach jeweils 5 Aufgabenpaketen wurde der Stichprobenumfang um 10% erhöht. Die Erhöhung wurde dem Probanden angekündigt, bevor er das Aufgabenpaket Nr. 6, 11, 16,... begann. Nach insgesamt 55 Aufgabenpaketen war das Experiment beendet. Der Auftrag des Probanden bestand darin, sein Gesamtergebnis pro Aufgabenpaket zu maximieren. Er wusste, dass es nicht darum ging, seine Rechenleistung zu überprüfen, sondern lediglich um die Maximierung des Gesamtergebnisses. Alle diese Rahmenbedingungen waren dem Probanden bekannt.

Nach der Theorie sollte die Aufmerksamkeit bei einem Stichprobenumfang von $\frac{Zeitvorteil}{Bestrafung} = \frac{y}{x}$ sprunghaft von „völlig unaufmerksam“ auf „völlig aufmerksam“ ansteigen. Die Aufmerksamkeit wurde gemessen in der Zeit, die er für die Bearbeitung eines Aufgabenpaketes benötigte. Für jeden Probanden wurden jeweils andere Parameter für den Zeitvorteil und die Bestrafung eingestellt. Im Folgenden werden die Ergebnisse dieses Experimentes für die einzelnen Probanden dargestellt:

4.3.1.1 Ergebnis des ersten Probanden

Die Parameter lauten: Zeitvorteil: 2 GE/Sekunden, Bestrafung: -10 GE/gefunden Fehler. Aus diesen Parametern ergibt sich der theoretisch optimale Stichprobenumfang von 20%. Dieser und die tatsächliche beobachtete Best-Antwort-Funktion sind in folgender Graphik dargestellt:

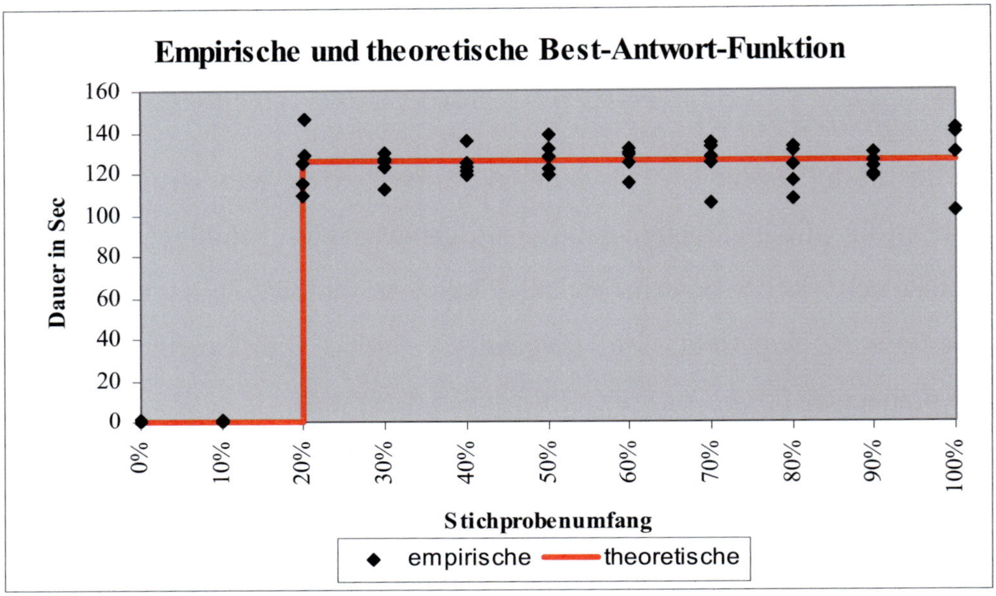

Abb. 23: Proband 1: Theoretische und empirische Best-Antwort-Funktionen

Der erste Proband hat sich offenbar bei einem Stichprobenumfang unter 20% keine Mühe gemacht, die Aufgaben zu bearbeiten[44]. Bei 20% und darüber hat er immer zwischen 100 Sekunden und 146 Sekunden auf das Rechnen verwand, sich also viel Mühe gegeben bzw. seine maximale Aufmerksamkeit aufgebracht. Dieses empirische Ergebnis deckt sich exakt mit dem theoretisch vorhergesagten Ergebnis. In Abbildung 23, die zum ersten Probanden gehört, zeigt sich, dass es dennoch zu Fehlern kam, dass der Proband offenbar selbst bei maximaler Aufmerksamkeit keine

[44] Bei Stichprobenumfängen von 0% und 10% lag die Bearbeitungsdauer zwischen 0 und 1 Sekunde, dies ist in der Graphik nicht unterscheidbar.

vollständige Fehlerfreiheit garantieren kann. Dies rechtfertigt die zusätzlichen praxisrelevanten Anpassungen des Modells zu Beginn dieses Kapitels.

4.3.1.2 Ergebnis des zweiten Probanden

Die Parameter lauten: Zeitvorteil: 4 GE/Sekunden, Bestrafung: -10 GE/gefunden Fehler. Aus diesen Parametern ergibt sich der theoretisch optimale Stichprobenumfang von 40%. Dieser und die tatsächliche beobachtete Best-Antwort-Funktion sind in folgender Graphik dargestellt:

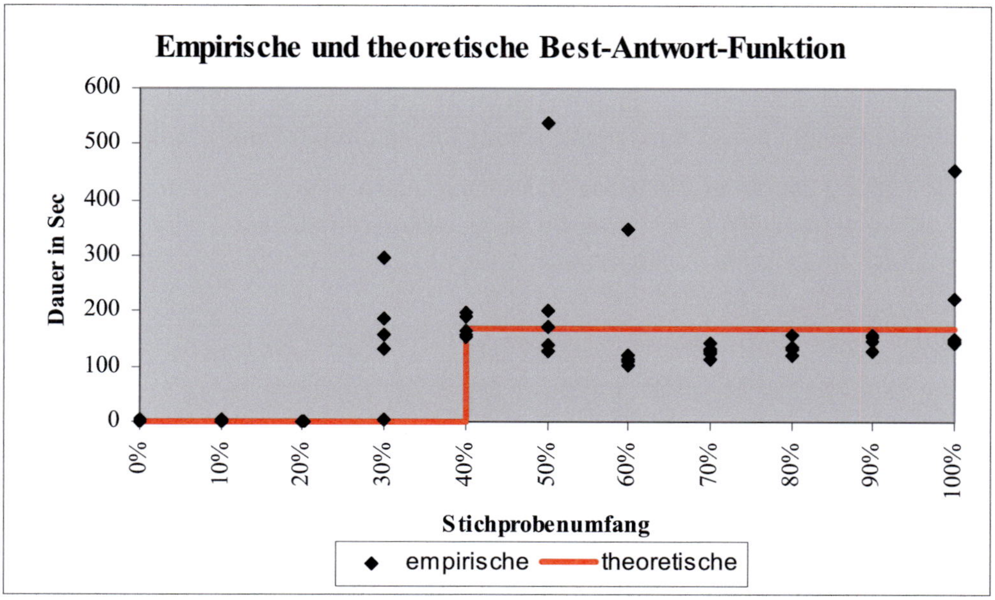

Abb. 24: Proband 2: Theoretische und empirische Best-Antwort-Funktionen

Der zweite Proband hat sich offenbar bei einem Stichprobenumfang unter 30% keine Mühe gemacht, die Aufgaben zu bearbeiten. Bei 30% und darüber hat er immer zwischen 100 Sekunden und 600 Sekunden auf das Rechnen verwand, sich also viel Mühe gegeben bzw. seine maximale Aufmerksamkeit aufgebracht. Dieses empirische Ergebnis deckt sich nicht exakt mit dem theoretisch vorhergesagten Ergebnis, der Proband hat „zu früh“ seine maximale Aufmerksamkeit eingestellt.

4.3.1.3 Ergebnis des dritten Probanden

Die Parameter lauten: Zeitvorteil: 3 GE/Sekunden, Bestrafung: -10 GE/gefunden Fehler. Aus diesen Parametern ergibt sich der theoretisch optimale Stichprobenumfang von 30%. Dieser und die tatsächliche beobachtete Best-Antwort-Funktion sind in folgender Graphik dargestellt:

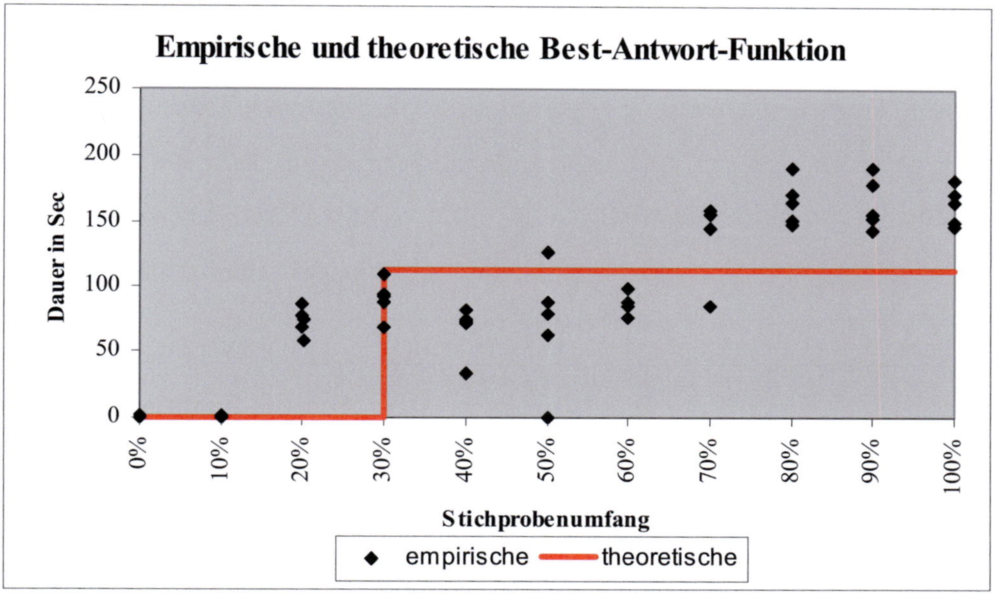

Abb. 25: Proband 3: Theoretische und empirische Best-Antwort-Funktionen

Der dritte Proband hat sich offenbar bei einem Stichprobenumfang unter 20% keine Mühe gemacht, die Aufgaben zu bearbeiten. Bei 20% und darüber hat er immer zwischen 50 Sekunden und 200 Sekunden auf das Rechnen verwand, sich also viel Mühe gegeben bzw. seine maximale Aufmerksamkeit aufgebracht. Dieses empirische Ergebnis deckt sich ebenfalls nicht exakt mit dem theoretisch vorhergesagten Ergebnis, der Proband hat „zu früh" seine maximale Aufmerksamkeit eingestellt.

4.3.1.4 Ergebnis des vierten Probanden

Die Parameter lauten: Zeitvorteil: 3 GE/Sekunden, Bestrafung: -10 GE/gefunden Fehler. Aus diesen Parametern ergibt sich der theoretisch optimale Stichprobenumfang von 30%. Dieser und die tatsächliche beobachtete Best-Antwort-Funktion sind in folgender Graphik dargestellt:

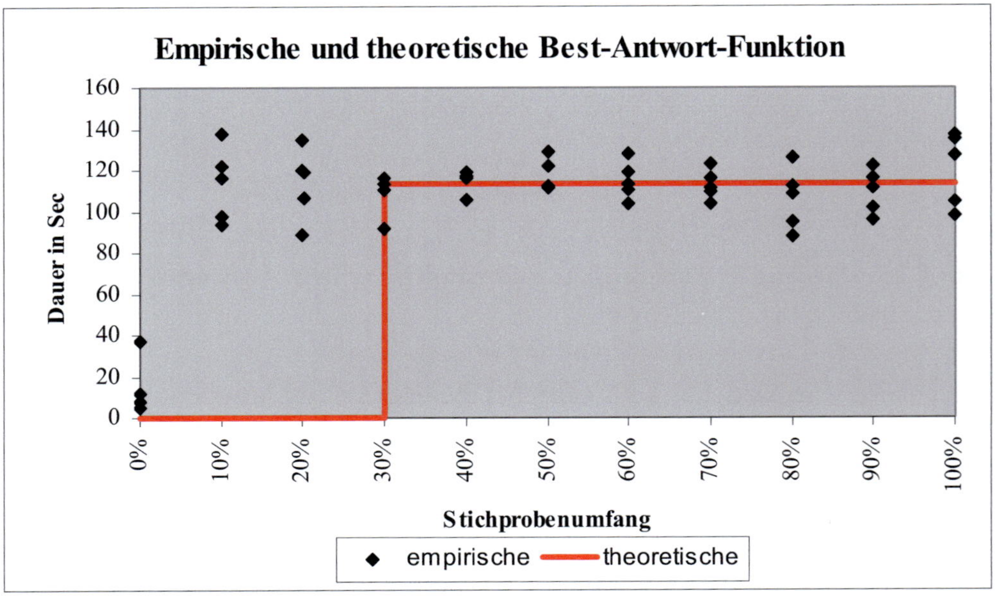

Abb. 26: Proband 4: Theoretische und empirische Best-Antwort-Funktionen

Der vierte Proband hat sich offenbar bei einem Stichprobenumfang unter 10% wenig Mühe gemacht, die Aufgaben zu bearbeiten. Bei 10% und darüber hat er immer zwischen 80 Sekunden und 150 Sekunden auf das Rechnen verwand, sich also viel Mühe gegeben bzw. seine maximale

Aufmerksamkeit aufgebracht. Dieses empirische Ergebnis deckt sich auch nicht exakt mit dem theoretisch vorhergesagten Ergebnis, der Proband hat „zu früh" seine maximale Aufmerksamkeit eingestellt.

4.3.1.5 Ergebnis des fünften Probanden

Die Parameter lauten: Zeitvorteil: 3 GE/Sekunden, Bestrafung: -10 GE/gefunden Fehler. Aus diesen Parametern ergibt sich der theoretisch optimale Stichprobenumfang von 30%. Dieser und die tatsächliche beobachtete Best-Antwort-Funktion sind in folgender Graphik dargestellt:

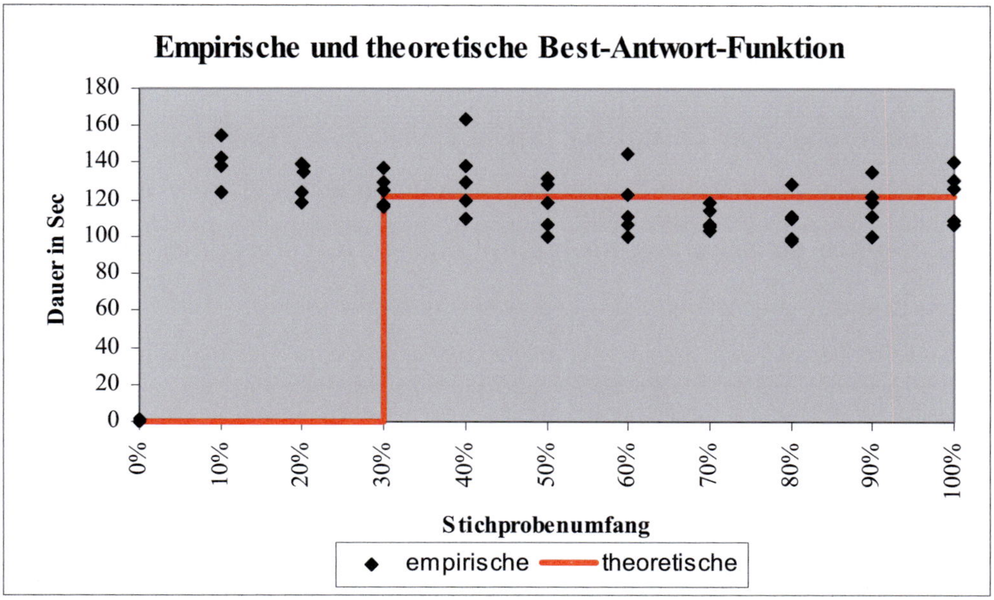

Abb. 27: Proband 5: Theoretische und empirische Best-Antwort-Funktionen

Der fünfte Proband hat sich offenbar bei einem Stichprobenumfang unter 10% keine Mühe gemacht, die Aufgaben zu bearbeiten. Bei 10% und darüber hat er immer zwischen 100 Sekunden und 170 Sekunden auf das Rechnen verwand, sich also viel Mühe gegeben bzw. seine maximale Aufmerksamkeit aufgebracht. Dieses empirische Ergebnis deckt sich wieder nicht exakt mit dem theoretisch vorhergesagten Ergebnis, der Proband hat „zu früh" seine maximale Aufmerksamkeit eingestellt.

4.3.1.6 Fazit des Experiments

Von den fünf Probanden hat nur einer rational gehandelt, zwei haben ihre maximale Aufmerksamkeit 10% zu „früh" gewählt, zwei weitere 20% zu „früh". Dies ist umso erstaunlicher, als dass der Vorteil für schnelles Arbeiten und die Bestrafung für fehlerhaftes Arbeiten in Form von Zahlenwerten objektiv vorgegeben waren. Dies deckt sich mit anderen empirischen Untersuchungen, die im Rahmen der experimentellen Spieltheorie durchgeführt wurden: „*In unseren Experimenten stellen wir immer wieder fest, dass die Menschen zu Reaktionen neigen, die mit ökonomischer Rationalität nicht zu erklären sind. (...) Es kann für den Einzelnen durchaus sinnvoll sein, auf Gewinnmaximierung zu verzichten, wenn er dadurch sein Standing in der Gesellschaft verbessert.*" sagt beispielsweise Ockenfels[45].

[45] Vgl. Fischer (2005), Seite 19

Die in obigem Experiment empirisch erhaltenen Best-Antwort-Funktionen waren qualitativ zwar mit der theoretisch zu erwartenden Funktion identisch, quantitativ jedoch um 10% bzw. 20% nach links verschoben. Dies könnte darin begründet sein, dass die Probanden, obwohl darauf hingewiesen, dass Ihre Rechenleistung nicht abgeprüft wird, einen „guten Eindruck“ machen wollten.

4.3.2 Die Praxis

Die Subjektivität der Parameter, die zum Ermitteln einer optimalen Stichprobe notwendig sind, macht ihre Erhebung äußerst problematisch: Die zu kontrollierenden Personen sind sich in der Regel über ihre eigenen Nutzenfunktionen gar nicht im Klaren und hätten bei einer Befragung keinen Anreiz, ihre wahre Nutzenfunktion preiszugeben, selbst wenn sie ihnen bekannt wäre. Des weiteren ist es nicht möglich, diese Parameter im Rahmen eines Laborexperimentes zu erheben, da eine Laborsituation naturgegeben zu künstlich ist und die realen Bedingungen, unter denen die betroffenen Personen arbeiten, nicht ausreichend realitätsnah widerspiegeln kann.

Aus diesem Grunde ist es notwendig, das reale Verhalten unter realen Arbeitsbedingungen zu beobachten und aus diesen Beobachtungen die Best-Antwort-Funktion zu ermitteln. Dazu muss lediglich im Zeitablauf der Stichprobenumfang variiert werden. Aus der Gestalt der empirisch ermittelten Best-Antwort-Funktion ist es dann möglich, ähnlich wie im

Laborexperiment, den Quotienten aus Zeitvorteil und Bestrafung, also den optimalen Stichprobenumfang, zu ermitteln. Aufgrund der Vielzahl der zu betrachtenden Mitarbeiter kann dies jedoch lediglich mit einigen wenigen Personen durchgeführt werden, die ihre exponierte Rolle jedoch nicht kennen dürfen um ihr Verhalten nicht zu beeinflussen. Es muss also gewährleistet sein, dass das Beobachten selbst die Beobachtung nicht, oder zumindest nicht wesentlich, beeinflusst.

Aus der Gesamtheit aller zu prüfenden Mitarbeiter wurden sechs Personen ausgewählt. Diese Auswahl fand unter den folgenden Bedingungen statt:

- Die ausgewählten Mitarbeiter sollten sich in den folgenden fünf bis sechs Wochen im Betrieb befinden.

- Sie sollten umsatzstark sein, also ausreichend viele zu prüfende Einheiten produzieren.

- Sie sollten die Gesamtheit der später zu prüfenden Personen repräsentieren, indem sie nicht aus derselben Gruppe stammen.

Allen zu prüfenden Mitarbeitern wurde zu Beginn der ersten Woche mitgeteilt, dass aufgrund technischer Schwierigkeiten eine Woche lang keine Kontrolle möglich sei. Der Stichprobenumfang wurde pro Woche um jeweils 5% angehoben. Dies wurde zu Beginn einer Woche jeweils allen Mitarbeitern mitgeteilt. Die Umsätze der ausgewählten Mitarbeiter wurden tatsächlich jedoch täglich vollumfänglich geprüft und die Anzahl der gefundenen Fehler notiert. Dazu wurde jeder Umsatz eines Mitarbeiters hinsichtlich eines Kataloges geprüft, der insgesamt 10 Kriterien enthielt.

Pro Woche wurden aus den Geschäften eines Mitarbeiters x% (0% in der ersten Woche, 5% in der zweiten Woche, …) per Zufallsgenerator ausgewählt. Wenn in diesen „Stichprobengeschäften" Fehler vorlagen, so wurde sie gem. dem bankinternen Eskalationsprozedere an den Mitarbeiter gemeldet. Die „Aufmerksamkeitsquote" wurde definiert als Summe aller Fehler aus der Vollprüfung, bezogen auf die Gesamtheit der Kriterien multipliziert mit der Anzahl der Geschäfte des Mitarbeiters. Im Zeitablauf konnte schließlich die Aufmerksamkeitsquote in Abhängigkeit vom bekannten Stichprobenumfang abgetragen werden, wie im Laborexperiment bereits beschrieben.

Keinem Mitarbeiter war bekannt, dass während der 5 Wochen dauernden Erhebungsphase ein Experiment durchgeführt wurde. Ebenso war den ausgewählten Personen nicht bekannt, dass sie, entgegen der offiziellen Ankündigung, vollumfänglich geprüft wurden. Um die Mitarbeiter zu schützen wurden die Ergebnisse anonymisiert weiterverarbeitet. Die Fragestellung bestand darin, den optimalen Stichprobenumfang zu bestimmen, bzw. den Punkt zu finden, an dem sich die Aufmerksamkeitsquote in Abhängigkeit vom Stichprobenumfang signifikant verändert. Im Gegensatz zum Laborexperiment, bei dem sich dieser Punkt in der graphischen

Darstellung der Ergebnisse direkt ablesen lässt, und bei der die Signifikanz augenscheinlich ist, ist bei den praktisch erhobenen Daten die aufgrund der graphischen Darstellungen geäußerte Vermutung mithilfe eines statistischen Tests zu verifizieren.

Die sechs Mitarbeiter konnten am Ende der Erhebungsphase in drei Gruppen eingeteilt werden:

- Gruppe 1 (0% - 5%), bei denen der Sprung in der Aufmerksamkeitsquote zwischen 0% und 5% Stichprobenumfang erfolgte, zu dieser Gruppe gehören die Mitarbeiter 2 und 5.

- Gruppe 2 (5% - 10%), bei denen der Sprung in der Aufmerksamkeitsquote zwischen 5% und 10% Stichprobenumfang erfolgte, zu dieser Gruppe gehören die Mitarbeiter 1 und 4.

- Gruppe 3 (Bad Guys), die sich, zumindest auf den ersten Blick, nicht gem. der Theorie verhielten, zu dieser Gruppe gehören die Mitarbeiter 3 und 6.

Diese drei Gruppen und die Ergebnisse der Mitarbeiter, die diesen Gruppen zugeordnet werden können, werden im Folgenden vorgestellt:

4.3.2.1 Gruppe 1 (0% - 5%)

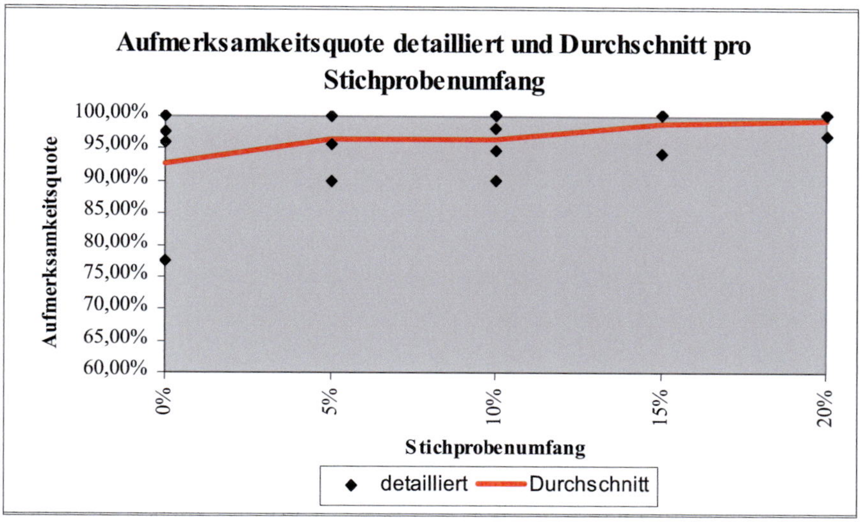

Abb. 28: Best-Antwort-Funktion des Mitarbeiters 2, Gruppe 1

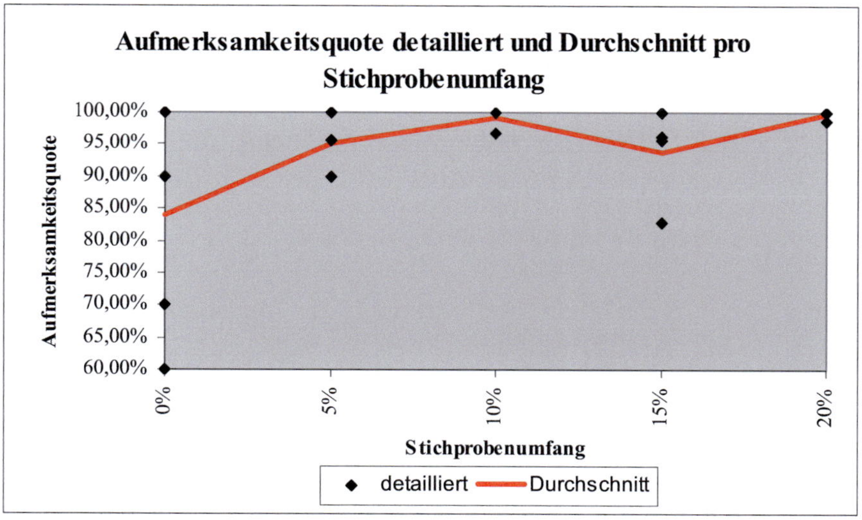

Abb. 29: Best-Antwort-Funktion des Mitarbeiters 5, Gruppe 1

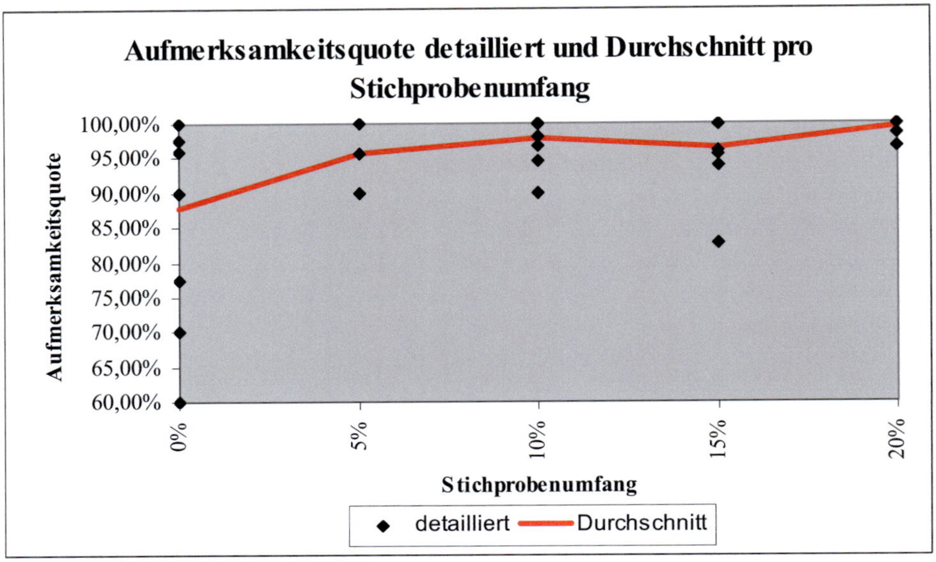

Abb. 30: Best-Antwort-Funktion in Gruppe 1 (0%-5%), gesamt

Aus der graphischen Darstellung, insbesondere der Darstellung der Mittelwerte pro Stichprobenumfang (rote Linie), lässt sich die Vermutung ableiten, dass die Aufmerksamkeitsquote bei Stichprobenumfängen unter 5% signifikant anders ist als bei Stichprobenumfängen, die bei 5% oder darüber liegen. Dies lässt sich mithilfe des z-Tests prüfen. Die Nullhypothese lautet: Die beiden Aufmerksamkeitsquoten sind signifikant verschieden, bzw. die statistischen Verteilungen der beiden Aufmerksamkeitsquoten unterscheiden sich signifikant in ihrem jeweiligen Erwartungswert. Aus den Daten des Anhangs ermittelt man die Schätzungen für die beiden Erwartungswerte bzw. die entsprechenden Standardabweichungen:

$\hat{\mu}_{<5\%} = 87{,}89\%$, $\hat{\sigma}^2_{<5\%} = 2{,}26\%$ bei $N_{<5\%} = 9$ Beobachtungen

$\hat{\mu}_{\geq 5\%} = 97{,}97\%$, $\hat{\sigma}^2_{\geq 5\%} = 0{,}17\%$ bei $N_{\geq 5\%} = 28$ Beobachtungen

Die Prüfstatistik hat damit den Wert[46]:

Formel 19:

$$z = \frac{\hat{\mu}_{<5\%} - \hat{\mu}_{\geq 5\%}}{\sqrt{\hat{\sigma}^2_{<5\%} / N_{<5\%} + \hat{\sigma}^2_{\geq 5\%} / N_{\geq 5\%}}} = \frac{87{,}89\% - 97{,}97\%}{\sqrt{2{,}26\% / 9 + 0{,}17\% / 28}} = -1{,}9878$$

Bei einem Signifikanzniveau von $\alpha = 5\%$ ist die Nullhypothese abzulehnen, wenn der Wert der Prüfstatistik betragsmäßig größer als 1,9599 ist. Die Nullhypothese „Die Erwartungswerte der Beobachtungen zum Stichprobenumfang 0% und der Beobachtungen zum Stichprobenumfang 5% bis 20% sind gleich“ kann also verworfen werden.

[46] vgl. Spiegel (Buch unbekannten Datums) Seite 170

4.3.2.2 Gruppe 2 (5% - 10%)

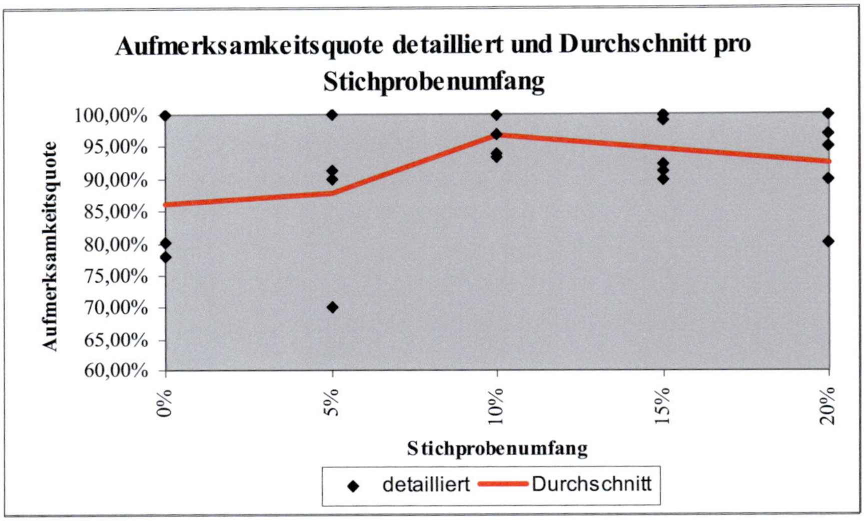

Abb. 31: Best-Antwort-Funktion des Mitarbeiters 1 in Gruppe 2

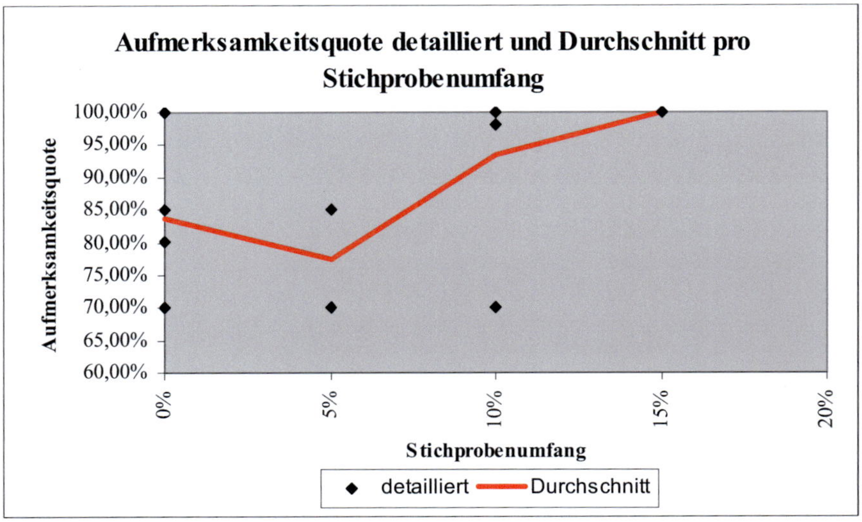

Abb. 32: Best-Antwort-Funktion des Mitarbeiters 4 in Gruppe 2

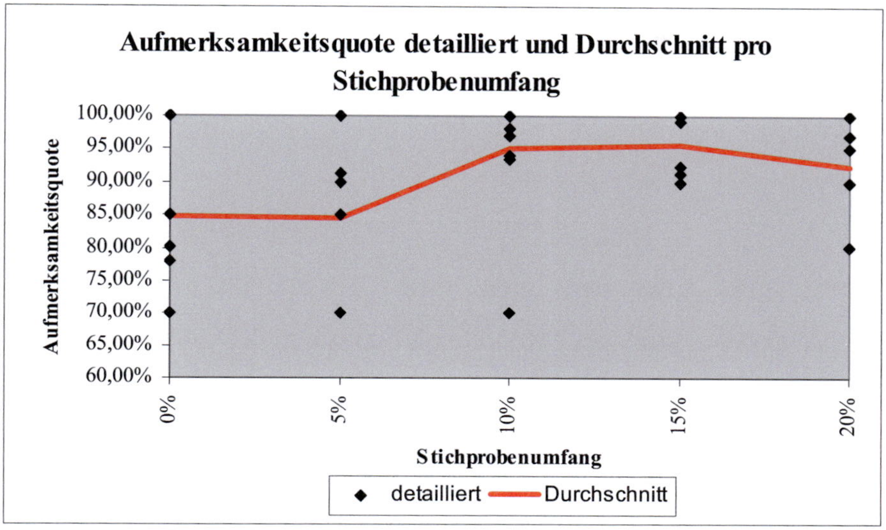

Abb. 33: Best-Antwort-Funktion in Gruppe 2 (5%-10%), gesamt

Die Nullhypothese lautet: Die Aufmerksamkeitsquoten der Stichproben 0% bis 5% und der Stichproben 10% bis 20% sind signifikant verschieden, bzw. die statistischen Verteilungen der beiden Aufmerksamkeitsquoten unterscheiden sich signifikant in ihrem jeweiligen Erwartungswert. Aus den Daten des Anhangs ermittelt man die Schätzungen für die beiden Erwartungswerte bzw. die entsprechenden Standardabweichungen:

$\hat{\mu}_{<10\%} = 84{,}57\%$, $\hat{\sigma}^2_{<10\%} = 2{,}26\%$ bei $N_{<10\%} = 13$ Beobachtungen

$\hat{\mu}_{\geq 10\%} = 97{,}97\%$, $\hat{\sigma}^2_{\geq 10\%} = 0{,}17\%$ bei $N_{\geq 10\%} = 21$ Beobachtungen

Die Prüfstatistik hat damit den Wert:

Formel 20:

$$z = \frac{\hat{\mu}_{<10\%} - \hat{\mu}_{\geq 10\%}}{\sqrt{\hat{\sigma}^2_{<10\%} / N_{<10\%} + \hat{\sigma}^2_{\geq 10\%} / N_{\geq 10\%}}} = -2{,}8527$$

Bei einem Signifikanzniveau von $\alpha = 5\%$ ist die Nullhypothese abzulehnen, wenn der Wert der Prüfstatistik betragsmäßig größer als 1,9599 ist. Die Nullhypothese „Die Erwartungswerte der Beobachtungen zum Stichprobenumfang 0% bis 5% und der Beobachtungen zum Stichprobenumfang 10% bis 20% sind gleich“ kann also verworfen werden.

Bei den beiden bereits behandelten Gruppen ist es möglich, den „Sprung“ in der Aufmerksamkeit anhand der Graphik zu sehen und diesen auch statistisch nachzuweisen. In der folgenden Gruppe 3 jedoch ist dies nicht möglich. Die graphische Darstellung der Aufmerksamkeit jedes einzelnen beobachteten Mitarbeiters lässt, ebenso wie die aggregierte Darstellung, keinen solchen Sprung erkennen.

4.3.2.3 Gruppe 3 (Bad Guys)

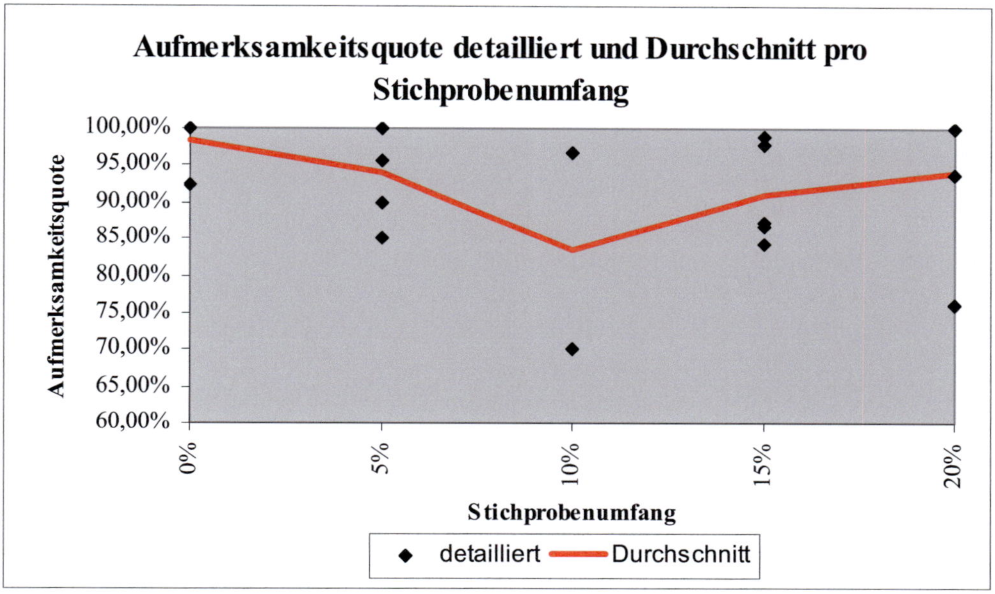

Abb. 34: Best-Antwort-Funktion des Mitarbeiters 3 in Gruppe 3

Bei diesem Mitarbeiter lagen zum Stichprobenumfang 10% lediglich zwei Beobachtungen vor, von denen eine mit einer Aufmerksamkeitsquote von 70% eventuell als „Ausreißer" bezeichnet werden kann.

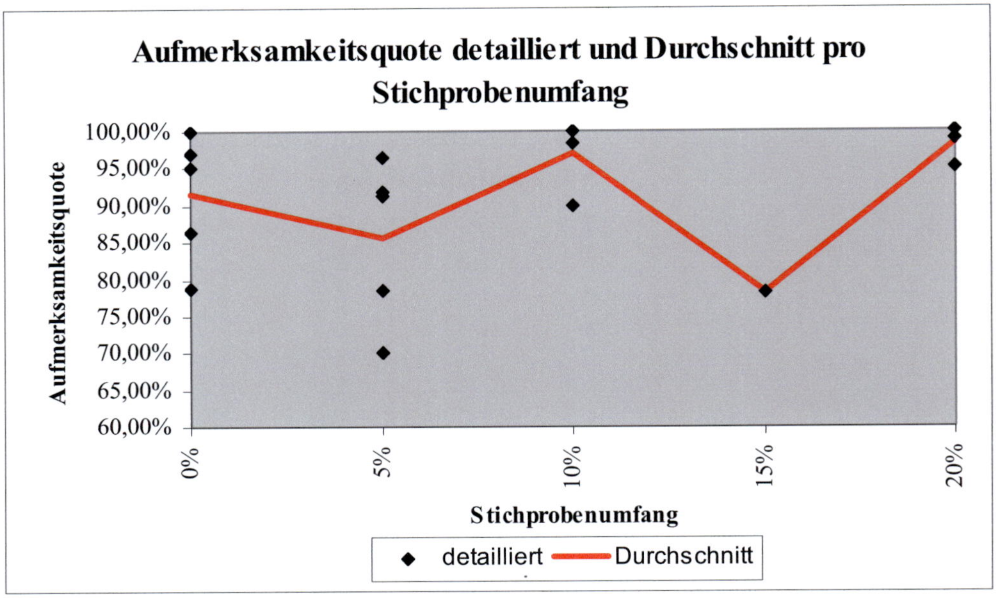

Abb. 35: Best-Antwort-Funktion des Mitarbeiters 6 in Gruppe 3

Beim Mitarbeiter 6 lag zum Stichprobenumfang 15% nur eine Beobachtung vor. Betrachtet man diese (Aufmerksamkeitsquote „nur" 78,33%) als statistischen „Ausreißer", so fällt dieser Mitarbeiter auch in die Gruppe (5% - 10%).

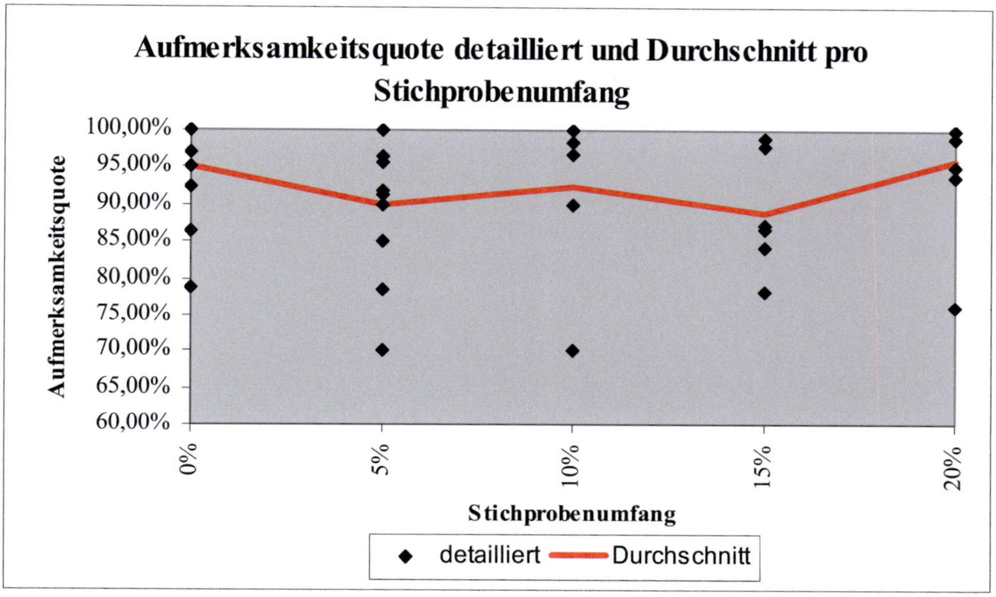

Abb. 36: Best-Antwort-Funktion in Gruppe 3 (Bad Guys), gesamt

Die Gruppe 3 scheint zwar aus dem Rahmen des theoretisch zu Erwartenden zu fallen, aber es handelt sich, wie beschrieben, eventuell um statistische Ausreißer. In der Aggregation über alle beobachteten Mitarbeiter hinweg jedoch wird die erwartete Best-Antwort-Funktion wieder sichtbar und der Sprung in der Aufmerksamkeit lässt sich, ebenso wie bei Gruppe 1 und Gruppe 2, statistisch nachweisen:

4.3.2.4 Alle Beobachtungen zusammen

Alle Beobachtungen ergaben zusammengefasst folgende Graphik:

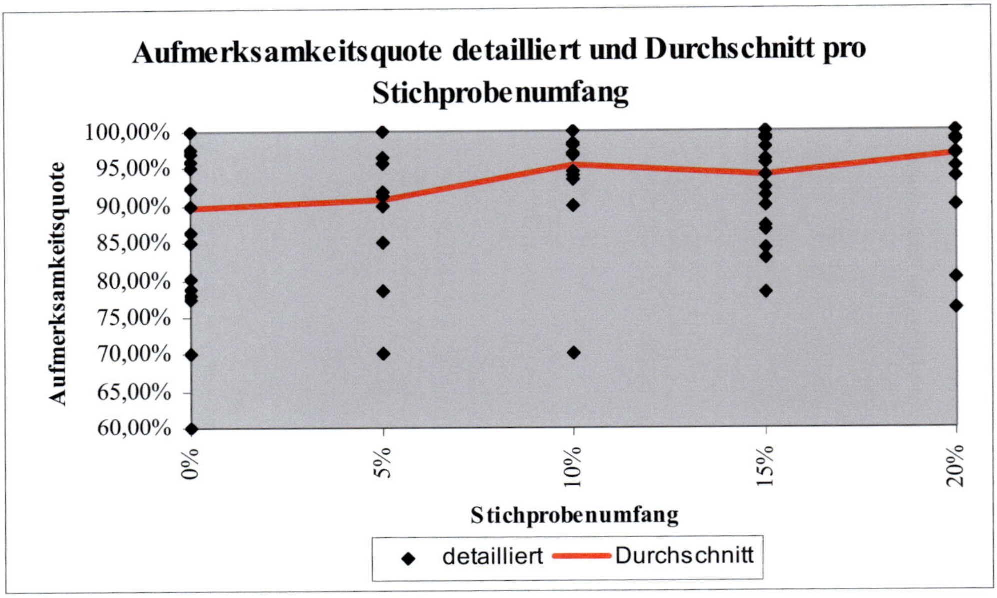

Abb. 37: Best-Antwort-Funktion über alle Gruppen

Die Nullhypothese lautet: Die Aufmerksamkeitsquoten der Stichproben 0% bis 5% und der Stichproben 10% bis 20% sind signifikant verschieden, bzw. die statistischen Verteilungen der beiden Aufmerksamkeitsquoten unterscheiden sich signifikant in ihrem jeweiligen Erwartungswert. Aus den Daten des Anhangs ermittelt man die Schätzungen für die beiden Erwartungswerte bzw. die entsprechenden Standardabweichungen:

$\hat{\mu}_{<10\%} = 90{,}21\%$, $\hat{\sigma}^2_{<10\%} = 1{,}15\%$ bei $N_{<10\%} = 51$ Beobachtungen

$\hat{\mu}_{\geq 10\%} = 95{,}46\%$, $\hat{\sigma}^2_{\geq 10\%} = 0{,}52\%$ bei $N_{\geq 10\%} = 70$ Beobachtungen

Die Prüfstatistik hat damit den Wert:

Formel 21:

$$z = \frac{\hat{\mu}_{<10\%} - \hat{\mu}_{\geq 10\%}}{\sqrt{\hat{\sigma}^2_{<10\%} / N_{<10\%} + \hat{\sigma}^2_{\geq 10\%} / N_{\geq 10\%}}} = -3{,}0352$$

Bei einem Signifikanzniveau von $\alpha = 1\%$ ist die Nullhypothese abzulehnen, wenn der Wert der Prüfstatistik betragsmäßig größer als 2,5758 ist. Die Nullhypothese „Die Erwartungswerte der Beobachtungen zum Stichprobenumfang 0% bis 5% und der Beobachtungen zum Stichprobenumfang 10% bis 20% sind gleich" kann also verworfen werden.

Interessanterweise sinkt mit zunehmendem Stichprobenumfang auch die Standardabweichung der Beobachtungen pro Stichprobenumfang nicht linear sondern unterproportional von knapp 11% auf etwas mehr als 6%. Dieser Verlauf deutet ebenfalls darauf hin, dass der steigende Stichprobenumfang zu einer Disziplinierung der Mitarbeiter führt. Extrapoliert man den Verlauf, so scheint sich hier ein weiterer Hinweis darauf zu finden, dass keine exakte Fehlerfreiheit möglich ist, denn die Verringerung der Standardabweichung nimmt mit zunehmendem Stichprobenumfang jeweils deutlich ab. Dies ist in folgender Graphik dargestellt:

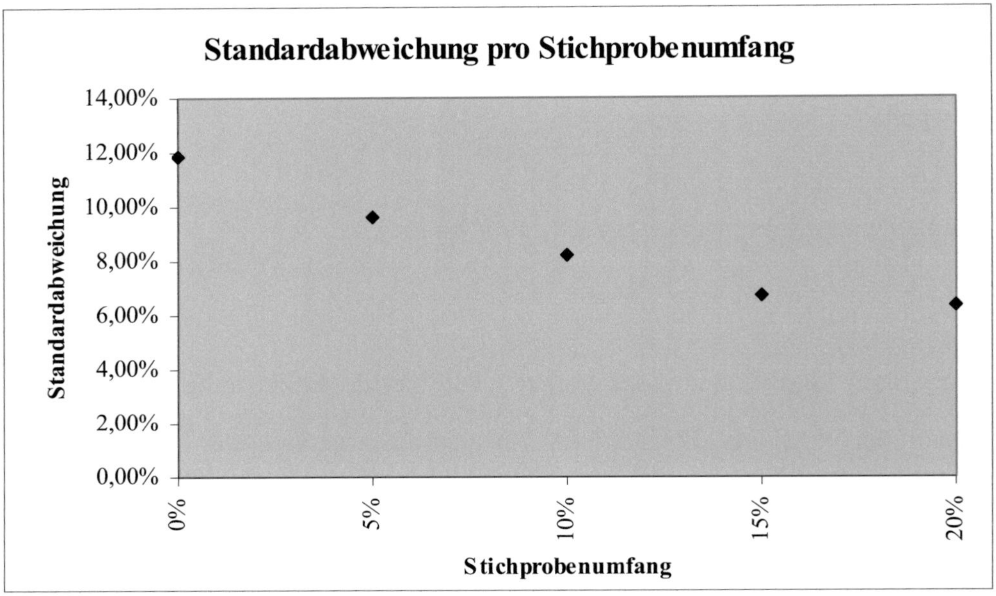

Abb. 38: Standardabweichung in Abhängigkeit vom Stichprobenumfang, alle Gruppen

4.3.2.5 Fazit

Damit ist statistisch nachgewiesen, dass unter den gegebenen Rahmenbedingungen bei den untersuchten Mitarbeitern ein Stichprobenumfang von 10% ausreicht, die höchst mögliche Aufmerksamkeitsquote zu erreichen. Unter der Voraussetzung, dass die untersuchten Mitarbeiter für die Gesamtheit aller zu kontrollierenden Mitarbeiter repräsentativ sind, kann der Stichprobenumfang mit 10% als der spieltheoretisch sinnvollste Stichprobenumfang identifiziert werden.

Für die Mitarbeiter der Gruppe 1 (0% - 5%) ist dieser Stichprobenumfang zu hoch, für die Mitarbeiter der Gruppe 2 (5% - 10%) gerade ausreichend. Hier spiegelt sich die starke Subjektivität der einzelnen Probanden wider. Es ist klar erkennbar, dass jeder Kontrollierte sein individuelles Kontrollspiel mit seinen eigenen Parametern spielt. Die Frage nach dem optimalen Stichprobenumfang kann pro Gruppe beantwortet werden oder für alle zusammen. Im ersten Fall ist jedoch eine Verallgemeinerung auf alle Mitarbeiter nicht möglich. Außerdem ist dies aufgrund der geringen Anzahl von Beobachtungen pro Mitarbeiter und pro Stichprobenumfang bedenklich.

Aus diesen Gründen erscheint es sinnvoll, den optimalen Stichprobenumfang mit generell 10% anzusetzen. Setzt man in dieser Situation eine durchschnittliche Anzahl von 297 zu prüfenden Punkten voraus so erhält man unter Zugrundelegen einer durchschnittlichen Fehleranzahl von 17 Fehlern eine unterstellte Fehlerquote von 5,72%. Das Prüfen mit einem Stichprobenumfang von 10% (also gerundet 30 Einheiten) führt, wie in Beispiel 3 beschreiben, auf das Qualitätsniveau $Q(5{,}72\%, 10{,}10\%) = (0{,}000000013\%, 82{,}35\%)$. Es ist also davon auszugehen, bei einem Stichprobenumfang von 10,10% mit Sicherheit 82,35% der in der Grundgesamtheit vorliegenden Fehler zu finden.

4.4 Praktische Umsetzung des spieltheoretischen Kontrolldesigns

Die praktische Umsetzung des spieltheoretischen Kontrolldesigns gliedert sich in fünf Schritte, die bereits zu Beginn des Aufbaus eines Kontrollgefüges organisatorisch verankert werden sollten:

- Analysieren und Definieren der durchzuführenden Kontrollen, insbesondere Zielsetzung und Rahmenbedingungen,
- Entscheiden, mit welchem Kontrolldesign kontrolliert werden soll,
- Erhebung des optimalen Stichprobenumfangs,
- Kontrolle mit dem optimalen Kontrolldesign und
- Überwachung der Rahmenbedingungen.

Zunächst muss analysiert werden, was zu kontrollieren ist, ob der zu kontrollierende Risikofaktor sein eigenes Verhalten strategisch steuern kann und mit welcher Zielsetzung kontrolliert werden soll. Falls der zu kontrollierende Risikofaktor sein Verhalten nicht selbst steuern kann, etwa eine Maschine im Produktionsprozess eines Industrieunternehmens, ist ein statistisches Kontrolldesign angebracht (siehe Kapitel 2). Handelt es sich hingegen um Personen, die ihr Verhalten strategisch steuern können, ist ein spieltheoretischer Ansatz zu wählen, der die Interdependenzen zwischen Kontrolleur und Kontrolliertem explizit berücksichtigt.

Des Weiteren ist festzulegen, ob Fehler völlig vermieden werden sollen oder ob die Kontrollen Teil eines Anreizsystems sein sollen, das zu möglichst fehlerfreiem Arbeiten führen soll. Im ersten Fall muss eine Vollprüfung durchgeführt werden, im zweiten Fall ist ein optimaler Stichprobenumfang zu bestimmen. Außerdem sind die Kosten zu erheben, die für verschiedene Stichprobenumfänge in Anrechnung zu bringen sind, sowie die Schadenshöhe, falls ein Fehler im Rahmen der Kontrollen nicht aufgedeckt wird. Beides ist bei der Entscheidung für das adäquate Kontrolldesign zu berücksichtigen. In regelmäßigen Abständen oder bei Änderungen der Rahmenbedingungen sind diese Schritte zu wiederholen.

Insbesondere Änderungen in den Rahmenbedingungen erfolgen in der Praxis nicht immer offensichtlich, wie beispielsweise Wechsel des Vorgesetzten oder veränderte aufsichtsrechtliche Rahmenbedingungen, Mitarbeiteraustritte oder -neuzugänge, sondern oftmals schleichend. Zu diesen schleichenden Veränderungen sind vor allem die subjektiven Präferenzen der einzelnen Mitarbeiter zu zählen. Diese sind in der Regel weder vorhersehbar noch sichtbar. Aus diesem Grunde ist diesem Punkt besondere Aufmerksamkeit zu widmen. Das ständige Wiederholen der bereits beschriebenen Schritte entspricht dann genau der Forderung, die im Rahmen des Risikomanagementprozesses bereits erhoben wurde. Damit wird in der Praxis die notwendige Anpassungsfähigkeit der Kontrollprozesse an sich verändernde Bedingungen gewährleistet.

Das frühzeitige Detektieren von veränderten Rahmenbedingungen kann etwa durch den Einsatz von Kontrollkarten geschehen, indem in regelmäßigen Abständen, aber ohne es den Betroffenen mitzuteilen, Vollerhebungen nach dem Muster der in Kapitel 4.3 „Die Praxis“ eingeführten Methodik durchgeführt werden. Die Ergebnisse sind, wie in Kapitel 2.1 „Statistische Prozesskontrolle“ dargelegt, in einer Kontrollkarte aufzuzeichnen. Weichen die so gewonnenen Ergebnisse zu stark von bisherigen Daten ab, so sollte der optimale Stichprobenparameter neu bestimmt und an die Betroffenen kommuniziert werden. Die Kommunikation ist wiederum notwendig, um die Führerschaft, wie bereits beschrieben, aufrecht zu erhalten.

Der Übersichtlichkeit halber ist dieses Vorgehen in folgendem Ablaufdiagramm schematisch zusammengefasst:

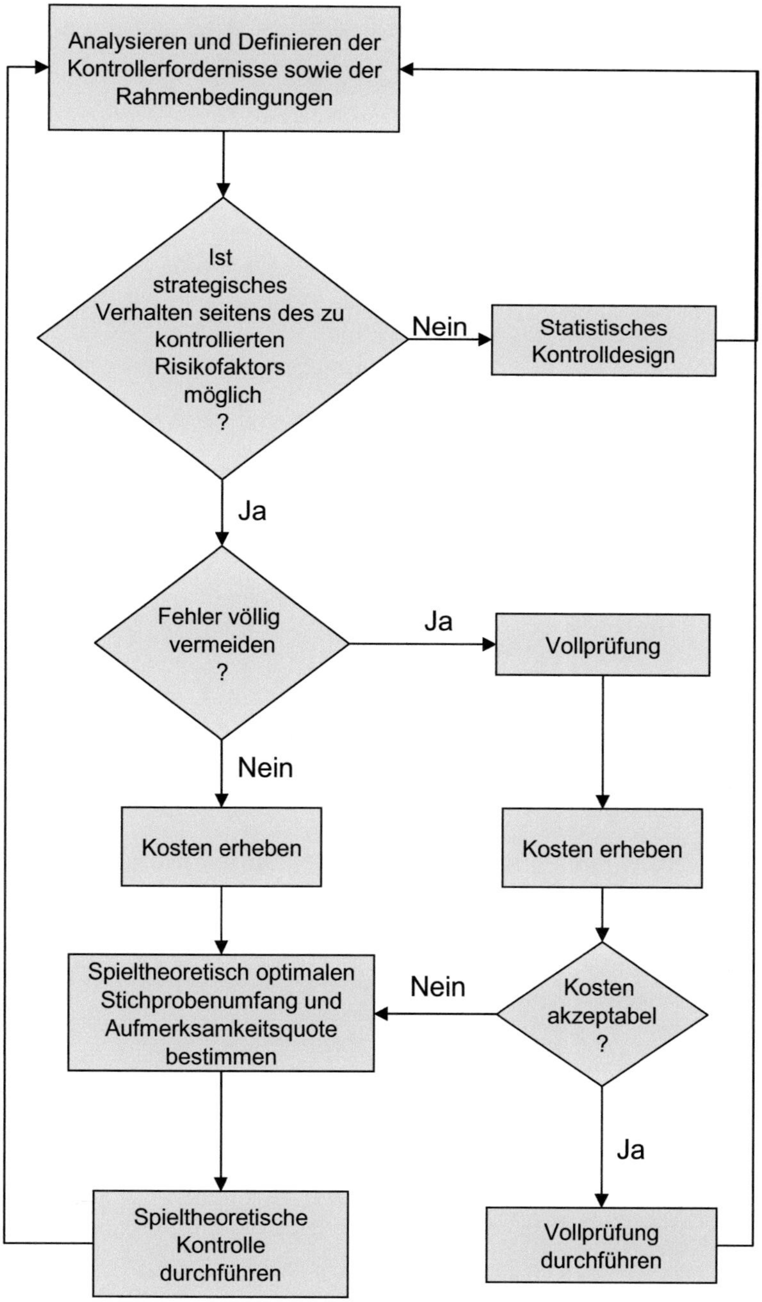

Abb. 39: Entscheidungsdiagramm zum Finden des optimalen Kontrolldesigns

Das Vorgehen gem. dem vorstehenden Ablaufdiagramm wird in folgendem Beispiel dargestellt:

Beispiel 6:

Eine Gruppe von Personen ist daraufhin zu kontrollieren, ob sie bestimmte, klar definierte Vorgaben bei der Geschäftserfassung erfüllt. Ein spieltheoretisches Kontrolldesign erscheint angebracht. Der optimale Stichprobenumfang liege bei 20%, die Aufmerksamkeitsquote sei mit 60% unterhalb des optimalen Stichprobenumfangs und mit 95% oberhalb des optimalen Stichprobenumfangs erhoben worden. Die Fehlerquote ist definiert als 100% - Aufmerksamkeitsquote.

Die Fixkosten pro kontrollierendem Mitarbeiter liegen bei € 60.000,--, die variablen Kosten pro Kontrolle betragen € 100,-- pro 1% Stichprobenumfang. Ein Kontrolleur kann aus Ressourcengründen maximal 20% der Geschäfte kontrollieren. Falls ein kontrollierter Mitarbeiter einen Fehler macht, so wird dieser im Schnitt € 100.000,-- kosten. Bei einem Stichprobenumfang unter 20% wird man folglich mit einem erwarteten Schaden in Höhe von $(100\% - 60\%) \cdot 100.000 = 40.000$ rechnen. Bei einem Stichprobenumfang über 20% wird der erwartete Schaden bei $(100\% - 95\%) \cdot 100.000 = 5.000$ liegen. Die Funktion der Kontrollkosten in Abhängigkeit vom Stichprobenumfang ist steigend und hat eine Stufenstruktur.

Die Abhängigkeit der Fehlerquote und der Aufmerksamkeitsquote sieht graphisch folgendermaßen aus:

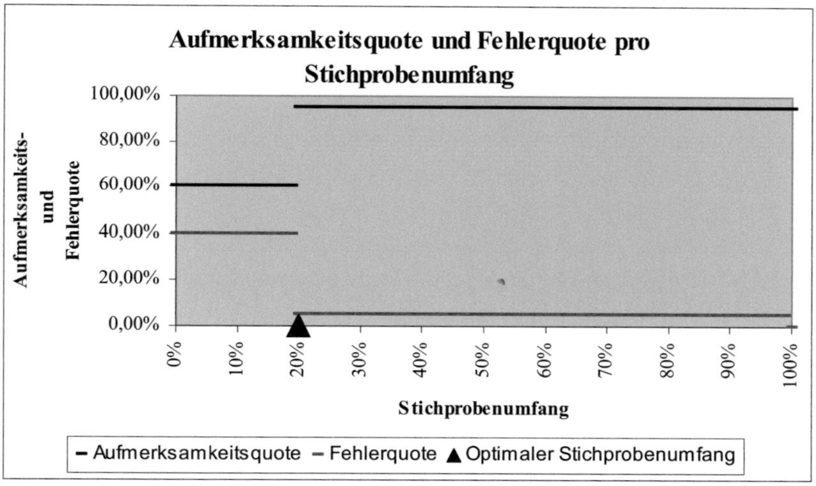

Abb. 40: Aufmerksamkeits- / Fehlerquote in Abhängigkeit vom Stichprobenumfang

Addiert man die Kontrollkosten mit den erwarteten Schäden, so erhält man die Kurve des Gesamtaufwandes:

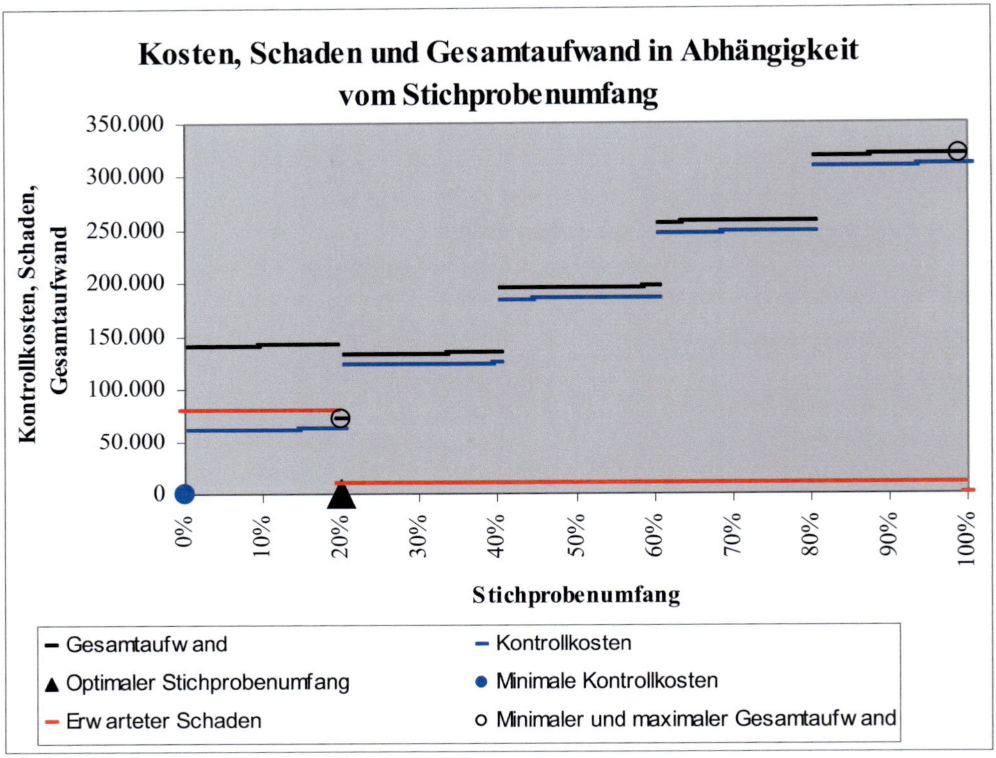

Abb. 41: Kosten, Schaden, Gesamtaufwand in Abhängigkeit vom Stichprobenumfang

In obiger Graphik ist klar zu sehen, dass der minimale Gesamtaufwand tatsächlich bei einem Stichprobenumfang von 20% erreicht wird. Eine Vollprüfung würde wesentlich teurer sein und eine Prüfung unterhalb des optimalen Stichprobenumfangs würde ebenfalls zu deutlich höheren Gesamtkosten, inkl. Schadensbetrag, führen.

5 Spieltheorie, Risikomanagement, Evidenz der Ergebnisse

5.1 Verbindung der Spieltheorie zum Risikomanagement

Das „klassische“ Risikomanagement, vor allem die traditionelle Methode Risiko zu messen, fußt auf stochastischen Annahmen, die mit Hilfe statistischer Mittel mit Leben gefüllt werden[47]. In diesem Sinne wird statistisch ermitteltes, vergangenheitsbezogenes, Verhalten von Risikofaktoren über stochastische Modelle in die Zukunft projiziert. Diese Annahmen sind, mehr oder weniger, stichhaltig, wenn es sich um das Marktrisiko oder um das Kreditrisiko handelt. Im Bereich des operationellen Risikos ist ein ganz bedeutender Risikofaktor, neben Ablauf- und Systemfaktoren oder externen Faktoren, der Faktor Mensch, also menschliches Verhalten. Will man diesen Faktor adäquat berücksichtigen ist es notwendig die Interdependenzen zu erfassen, die zwischen den handelnden Personen bestehen. Es ist also notwendig zu verstehen, welche Spiele diese Personen spielen und wie sie diese Spiele spielen. In diesem Sinne ist es möglich Risiko weiter als im traditionellen stochastischen Ansatz zu definieren, denn der stochastische Ansatz schlägt fehl, sobald ein Risikofaktor in der Lage ist, sein eigenes Verhalten bewusst oder unbewusst zu steuern: **Risiko kann vor diesem Hintergrund definiert werden als der Nachteil, der entsteht, wenn das eigene Verhalten vom strategisch optimalen Verhalten**

---

[47] vgl. Pechtl (1999)

abweicht. Diese Definition ist spieltheoretisch motiviert und umfasst den traditionellen Ansatz, indem er diesen verallgemeinert. Dies sei anhand des Marktrisikos kurz erläutert: Der Händler, der vor der Entscheidung steht eine Aktie zu kaufen oder zu verkaufen von der er weiß, dass sie mit gleicher Wahrscheinlichkeit steigt oder fällt[48] wird, spieltheoretisch gesehen, eine gemischte Strategie (Kauf mit Wahrscheinlichkeit 50% und Verkauf mit Wahrscheinlichkeit 50%) anwenden um seinen Verlust zu minimieren, denn er befindet sich in einem Zwei-Personen-Nullsummenspiel. Seine optimale Strategie ist es also, keine Position einzugehen. Er geht also immer dann ein Risiko ein, wenn er sich für eine Long- bzw. für eine Shortposition entscheidet und diese eingeht. Genau dann greift die traditionelle Finanztheorie, die mit ihrem umfangreichen statistischen Apparat den Value at Risk ermittelt mit dem Ziel, die Abweichung der potentiellen Verluste von 0 zu ermitteln.

Um ein Risiko zu managen ist es notwendig, das Risiko, bzw. die optimale Strategie zu kennen. Es ist also notwendig, zunächst das richtige Spiel zu finden[49]. Das Risiko kann minimiert werden durch die Wahl der optimalen

---

[48] Gem. der traditionellen Finanztheorie ist der beste Schätzer für den Kurs von Morgen der Kurs von heute, weil die Rendite einer Aktie normalverteilt ist mit Erwartungswert 0. Aus der Symmetrie der Normalverteilung ergibt sich die Wahrscheinlichkeit für steigende Kurse in Höhe von 50%.

[49] Vgl. Bieta, Kirchhoff, Milde, Siebe (2002), Seite 374

Strategie indem das Spiel, abstrahiert und in die Sprache der Spieltheorie übersetzt, gelöst wird[50].

Damit wird auch der Aspekt des operationellen Risikos handhabbar, operationalisierbar, der Strategierisiko genannt wird. Es handelt sich nämlich in obigem Sinne um ein „Metarisiko“ das darin besteht, das falsche Spiel zu spielen bzw. das richtige Spiel nicht richtig spielen zu können weil beispielsweise die Spielregeln nicht bekannt sind[51], oder das richtige Spiel nicht gelöst werden kann. Vor diesem Hintergrund wird offensichtlich, dass auch die nicht formalisierten Spielregeln, die, zusammen mit den offiziellen Spielregeln, die Unternehmenskultur ausmachen, relevant sind. Je größer ein Unternehmen ist, desto stärker ist es zwar in der Regel organisiert. Der Mensch schafft sich jedoch immer wieder Freiräume in denen er sich nicht organisiert mit Kolleginnen und Kollegen austauscht und nicht über die offiziellen Kanäle kommuniziert. Gerade aber die informellen Kommunikationswege und Verhaltensregeln sind ein ganz bedeutender Bestandteil der Informationsstruktur der handelnden Personen. Sie aus der Analyse einer zu betrachtenden Situation auszuschließen würde also

---

[50] Vgl. Bieta, Kirchhoff, Milde, Siebe (2002), Seite 374

[51] genau hier setzt beispielsweise Benoit B. Mandelbrot 2005) mit seiner Kritik an der traditionellen Finanzmarkttheorie an, wenn er die Annahmen der herkömmlichen Finanztheorie auf Seite 128 als absurd bezeichnet und auf den dann folgenden Seiten einige dieser Annahmen widerlegt: Menschen handeln rational, alle Anleger sind gleich, Kursänderungen verlaufen kontinuierlich und folgen einer Brownschen Bewegung.

bedeuten, nur einen kleinen Teil der relevanten Faktoren bei Entscheidungsprozessen in die Analyse einfließen zu lassen. Damit wird deutlich, dass es oftmals nicht ausreicht, das Spiel unter Berücksichtigung der offiziellen, in Form von Organisationsrichtlinien festgeschriebenen, Rahmenbedingungen, Spielregeln, zu suchen. Gerade dies macht es so anspruchsvoll, spieltheoretische Methoden in der Praxis anzuwenden.

Die Bundesanstalt für Finanzdienstleistungsaufsicht (BaFin) hat im Februar 2005 einen ersten Entwurf zu den „*Mindestanforderungen an das Risikomanagement*“ (MaRisk) vorgelegt. Dieser führt die „*Mindestanforderungen an das Betreiben von Handelsgeschäften der Kreditinstitute*“ (MaH) vom Oktober 1995, die „*Mindestanforderungen an die Ausgestaltung der Internen Revision der Kreditinstitute*“ (MaIR) vom Januar 2000 sowie die „*Mindestanforderungen an das Kreditgeschäft der Kreditinstitute*“ (MaK) vom Dezember 2002 zusammen. Diese sind der Ausgangspunkt für die lokale Umsetzung der Anforderungen, die in der zweiten Säule von Basel II formuliert sind und die Qualität der Risikosteuerung und -berichterstattung im Fokus hat.

Nach den MaRisk muss der Ausgangspunkt der Risikosteuerung die Strategie der Bank sein. Dies ist insofern einleuchtend, als dass es entscheidend von der Strategie der Bank abhängt, auf welchen Märkten und mit welchen Instrumenten sie agiert. Davon wiederum lassen sich direkt die relevanten Risiken ableiten. Des Weiteren ist klar zu erkennen, dass das

Risikomanagement, die Organisation und die entsprechenden Kontrollverfahren flankierende Maßnahmen zur Absicherung des Erreichens der unternehmerischen Ziele sind. Darüber hinaus wird der Dialog zwischen Risikomanager und strategischer Führung der Bank betont, die sich gegenseitig beeinflussen müssen um eine konsistente Unternehmenssteuerung nach Risiko- und Erfolgsgesichtspunkten zu ermöglichen. Die Interdependenz dieser Aspekte ist insofern ein Novum, als dass die bestehenden Regelungen bisher eher singulären Charakter hatten, indem sie jeweils einen anderen Aspekt des unternehmerischen Risikos in den Vordergrund stellten. Die enge wechselseitige Verzahnung dieser Aspekte ist in folgendem Schaubild schematisch dargestellt:

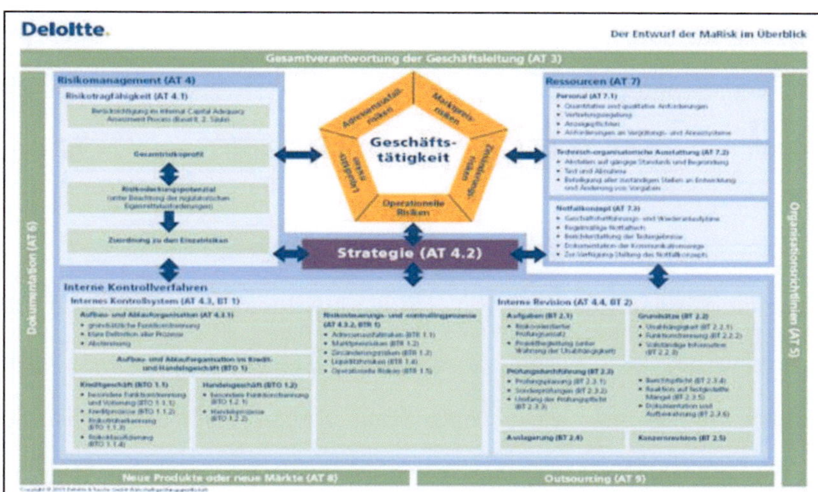

Abb. 42: Der Entwurf der MaRisk im Überblick[52]

[52] siehe Apweiler, Theileis, Althoff, Hörlin (2005) Seite 9

Im Folgenden sollen nicht die Änderungen der aufsichtsrechtlichen Rahmenbedingungen diskutiert werden die sich durch diese Vereinheitlichung der bisher getrennten Mindestanforderungen ergeben. Vielmehr soll dieses Schaubild als Rahmen dienen, in dem sich die strategische Steuerung des Bankbetriebes abspielt und das Wirtschaften mit knappen Ressourcen und der Kampf auf den Märkten um knappe Ressourcen in verschiedene Teilspiele zerfällt, die jeweils von den verantwortlichen Managern strategisch optimiert gespielt werden müssen um das Unternehmen erfolgreich zu machen.

Damit soll aufgezeigt werden, inwiefern die Spieltheorie in der Strategiefindung und -optimierung ihren Einsatz finden kann und dass Risikomanagement spieltheoretisch begriffen und implementiert werden muss um innerhalb eines konsistenten Analyserahmens Antworten auf die Frage zu finden: „*Was kann schief gehen und was muss getan werden um erfolgreich zu sein?*“

Da diese Sichtweise fundamental neu ist, sind die folgenden Ausführungen nicht notwendigerweise vollständig. Außerdem ist es jeweils von den konkreten Anforderungen der betrachteten Bank abhängig, wie die Spiele modelliert werden müssen und wie die Antworten konkret lauten. Aber es wird deutlich, inwiefern Spieltheorie helfen kann, die entsprechenden Fragen stellen zu können. Diese Ergebnis- und Methodenoffenheit stellt aber gerade den entscheidenden Vorteil des spieltheoretischen Ansatzes dar und macht ihn den traditionellen statistischen Ansätzen gegenüber überlegen. Insofern sollten die folgenden Gedanken auch einen Anstoß zu weitergehenden Forschungen auf diesem Gebiet geben.

5.1.1 Strategie

Dass sich die Spieltheorie mit Strategien befasst und die optimale Strategie in einem konkreten Spiel finden will und oftmals auch kann, ist bereits in der Definition eines Spiel enthalten und findet sich in auch der Definition des Nash-Gleichgewichts. Die Beispiele in der einführenden Literatur zur Spieltheorie befassen sich zwar zumeist mit Gesellschaftsspielen, aber immer wieder findet man auch Situationen aus der Ökonomie, die als strategische Spiele aufgefasst und auch gelöst werden können. Insofern ist es nahe liegend, die Suche nach einer geschäftlichen Strategie mit Methoden der Spieltheorie zumindest zu unterstützen. Dies zeigt sich beispielsweise in Seltens Warenhauskettenparadoxon[53]: Eine Warenhauskette hat in K Orten Filialen. In jedem dieser Orte, sie seien durchnummeriert und mit l bezeichnet, gibt es jeweils einen einzigen potentiellen Konkurrenten. Im l-ten Zeitabschnitt entscheidet sich der potentielle Konkurrent, ob er es mit der Warenhauskette aufnehmen will, also aggressiv spielt, oder nicht, sich also defensiv verhalten möchte. Die Warenhauskette kann sich ebenfalls für Konfrontation oder für Kooperation entscheiden. Das Spiel wird K-mal gespielt und jeder Konkurrent kann sich genau einmal entscheiden. Es

[53] siehe Schlee (2003) Seite 106

handelt sich also um ein Spiel, in dem die Spieler sich auf jeder Stufe für Kooperation und Konfrontation entscheiden können. Die Struktur des Warenhauskettenparadoxons und beispielhafte Auszahlungen sind in der folgenden Graphik dargestellt:

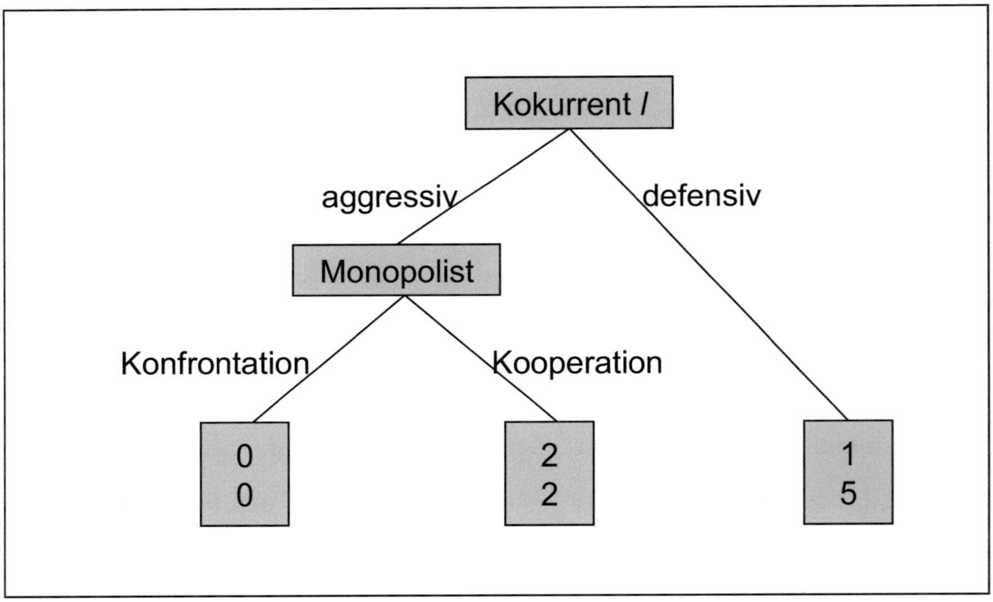

Abb. 43: Seltens Warenhauskettenparadoxon

Es zeigt sich, dass jeder Konkurrent die Strategie „*aggressiv*" spielen wird und die Warenhauskette immer „*kooperativ*" sein wird. Dies, ebenso wie der Fall von Polaroid (s. Seite 60), mag als Beispiel dafür dienen, dass strategische Entscheidungen mit Hilfe der Spieltheorie modelliert und auch gelöst werden können. Dass in diesem Zusammenhang verschiedenste Methoden zum Einsatz kommen können (theoretische Überlegungen,

Experimente, Szenarienplanung,...) macht klar, wie aufwändig diese Strategiefindung sein kann aber auch, wie exakt die richtige Methode, oder ein Mix von Methoden, die Strategiefindung unterstützen kann.

5.1.2 Interne Kontrollverfahren

Im Bereich der Internen Kontrollverfahren bewegen wir uns in einem Umfeld, welches durch das Inspektor-Spion-Spiel modelliert und beschrieben werden kann. Selbstverständlich ist das generelle Vorgehen aus nicht nur auf Prozesskontrollen anwendbar, sondern auch auf die Arbeit der internen Revision. Bei internen Kontrollen ist es jedoch wichtig, die Fragen zu stellen, die in Abb. 39 zusammengefasst sind. Beispielsweise ist bei einer Marktgerechtigkeitsprüfung eine Vollprüfung notwendig, wenn die Bank Fehler im Preis von Geschäften mit Derivaten so weit wie möglich ausschließen will, weil in diesen Geschäften, aufgrund des Hebeleffektes, ein hohes Risikopotential liegt.

Interne Kontrollverfahren setzen voraus, dass eine Einigung besteht zwischen dem was zu kontrollieren ist und wie die Kontrolle auszusehen hat. Diese Einigung ist zwischen dem Kontrollierten und dem Kontrolleur zu finden. Des Weiteren ist es fundamental wichtig Klarheit über die zu messenden Größen zu erzielen ebenso wie über die Messmethodik an sich. Hier wiederum kommt die Spieltheorie zum Tragen, denn die zu messenden Größen und die dazu verwendeten Kennzahlen stellen einen Anreizrahmen dar und führen zu Steuerungsimpulsen. Beide Aspekte müssen mit den gegebenen unternehmerischen Zielen vereinbar und vor allem auch zielführend sein. Auch in diesem Kontext kann die Spieltheorie, etwa über theoretische Überlegungen und über Szenarien, Antworten geben, ob eine zu überwachende Größe die gewünschten Handlungen unterstützen kann oder nicht.

5.1.3 Risikomanagement

Ein funktionierendes Risikomanagement setzt selbstverständlich voraus, dass die Risiken, die zu managen sind, bekannt sind und ihre Ursachen verstanden werden. Darüber hinaus ist es hilfreich, die zu bewirtschaftenden Risiken zu quantifizieren. Insbesondere das Quantifizieren hängt sehr eng mit dem internen Kontrollsystem zusammen, denn berichtete Risikowerte müssen nachvollziehbar sein (Plausibilität) und risikosteuernde Maßnahmen müssen sich in den Zahlen, die nach einer Maßnahme erhoben werden, widerspiegeln (Backtesting). Vor allem das Quantifizieren setzt aber voraus, dass die gewählte Methodik die Risiken adäquat beschreibt. Es ist also notwendig zu evaluieren, ob es sich um Zustandsrisiken oder um Verhaltensrisiken handelt. Erst dann kann das geeignete Modell aufgebaut, getestet und eingesetzt werden. Hier entscheidet sich, ob mit statistischen Mitteln gearbeitet werden kann (Versicherungen gegen Naturkatastrophen oder Qualitätsverschlechterung im Produktionsprozess s. Seite 16, Devisenkursrisiko,...) oder mit spieltheoretischen Mitteln (Versicherung gegen Risiken, die vom Versicherungsnehmer beeinflusst werden können, wie etwa Krankenversicherung, Haftpflichtversicherungen,...) gearbeitet werden muss.

5.1.4 Risikotragfähigkeit

Die Risikotragfähigkeit, also die Fähigkeit eines Unternehmens, Risiken ertragen, also kapitalmäßig abdecken, zu können, beinhaltet unter anderem auch die Fähigkeit Risiken adäquat pricen zu können. Die nach Basel II möglichen Methoden zur Kreditrisikomessung und -steuerung verlangen gerade diese risikoadjustierte Konditionengestaltung im Kreditgeschäft um eine Quersubventionierung der „schlechten Kreditrisiken" durch „gute Kreditrisiken" zu vermeiden. Basel I setzte mit einer einheitlichen Eigenkapitalunterlegung von pauschal 8% hierfür noch keine Anreize.

Da jedoch gerade das Kreditgeschäft von Informationsasymmetrie geprägt ist, kann hier mit spieltheoretischen Methoden eine Verbesserung der Situation erreicht werden, wenn diese Informationsasymmetrie explizit in die Konditionengestaltung einfließt. Der nach Vertragsabschluß auftretende Moral Hazard sollte also vermieden werden. Moral Hazard[54] beschreibt die Unsicherheit, dass sich der besser informierte Vertragspartner (Schuldner) nach Vertragsabschluß nicht, oder nicht im gewünschten Ausmaß, an die Vertragsbedingungen hält, wohingegen der schlechter informierte

[54] vgl. Bieta, Kirchhoff, Milde, Siebe (2004) Seite 52

Vertragspartner (Gläubiger) nur daran glauben kann, dass die vertraglich festgelegten Vereinbarungen eingehalten werden[55].

Einen Weg aus dieser Situation kann die Adverse Selektion[56] anbieten, die vor Vertragsabschluß wirksam wird[57]. In diesem Zusammenhang können Kreditsicherheiten dazu genutzt werden, dass sich potentielle Kreditnehmer, die sich ihres Risiko bewusst sind, dieses jedoch nicht bekannt geben wollen, für eine Kondition entscheiden, die ihrem tatsächlichen Risikoprofil entspricht[58], falls die Bank verschiedene Konditionen in Abhängigkeit von der Besicherungsquote anbietet[59]. In diesem Zusammenhang sei das Modell von Stiglitz und Weis (1981) angeführt, das unter den bestimmten Annahmen (Kreditgeber kennt die Qualität des potentiellen Kreditnehmer nicht und kann sein Verhalten nach Vertragsabschluß nicht überwachen, Sicherheiten werden nicht gestellt) zeigt, dass ein Kreditnehmer das Kreditrisiko erhöhen wird (Moral Hazard) und der Anteil der Kreditnehmer mit schlechter Qualität im Kreditportfolio der Bank steigt (Adverse Selektion). Bester und Hellwig (1989, S. 143ff) zeigen, dass Sicherheiten

---

[55] Dies drückt sich schon in den Begriffen Gläubiger: der Glaubende, und Kreditgeschäft aus. Der Begriff Kreditgeschäft geht auf das lateinische credere, glauben, zurück.

[56] Dieser Effekt wurde erstmals von G. Akerlof am Beispiel des Gebrauchtwagenmarktes beschrieben. Vgl. Emons (2001)

[57] vgl. Bieta, Kirchhoff, Milde, Siebe (2004) Seite 53

[58] vgl. Bester (1985)

[59] vgl. Emons (1997)

den Kreditnehmer unter Umständen von dieser Risikoerhöhung abhalten können.

Auch diese Ansätze sind in einem spieltheoretischen Rahmen darstellbar und können zu einer Verbesserung der Risikotragfähigkeit der Bank genutzt werden, weil sie Verhalten modellhaft beschreiben und daraus konkrete Handlungsvorschläge ableiten können.

5.1.5 Ressourcen

Die Frage nach Ressourcen stellt sich in vielerlei Hinsicht. Das Unternehmen muss die zur Geschäftsausübung notwendigen Ressourcen bereithalten, technisch ebenso wie personell. Dabei ist darauf zu achten, dass diese Ressourcen so bemessen sind, dass der Betriebsablauf reibungslos funktioniert. In der Bank stellt sich hier vor allem das Problem, dass Bankleistungen nicht im Voraus produziert werden können. Da sich die ressourcenmäßige Ausstattung des Unternehmens an seiner Strategie orientieren muss ist hier eine deutliche Verbindung zwischen der Vision der Unternehmung und dem Managen der Geschäftstätigkeit gegeben.

Gerade die personellen Ressourcen sind jedoch mit besonderem Fingerspitzengefühl zu bewirtschaften. Neben der reinen Personalführung und Personalentwicklung, durch diverse Methoden unterstützt, ist vor allem die Vertragsgestaltung ein nahezu klassisches Feld der Spieltheorie dergestalt, dass die Vertragsgestaltung die beiden betroffenen Parteien hinsichtlich ihrer gegenseitigen Rechte und Pflichten so stellen muss, dass gewünschtes Verhalten gefördert wird. Hier ist beispielsweise die Principal-Agent-Theorie anzuführen[60].

Manipulationsresistente Anreizsysteme haben in diesem Zusammenhang die Aufgabe, die Aufmerksamkeit der Mitarbeiter auf ihre eigentliche Arbeit zu richten und keine Zeit zum Manipulieren von Statistiken zu verschwenden[61]. Die Interdependenz zum Internen Kontrollsystem als Basis für eine leistungsgerechte Vergütung ist hier besonders deutlich. Auch der oftmals beschriebene Tatbestand der „inneren Kündigung“ von Mitarbeitern, der sich häufig darin ausdrückt, dass sie sich so viele persönliche Vergünstigungen wie möglich auf Kosten der anderen Mitarbeiter zu verschaffen suchen, folgt der inneren Logik des Gefangenen-Dilemmas. Insofern sollte also auch dieser Sachverhalt mit spieltheoretischen Mitteln untersucht werden können und so zu Frühindikatoren oder zu Gestaltungsimpulsen zu kommen, die dieses Verhalten aufzeigen bzw. abwenden helfen.

Der Kampf um knappe Ressourcen, personell wie materiell, innerhalb einer Unternehmung, beispielsweise in Budgetierungsrunden, ist eine nahezu klassische Fragestellung der Spieltheorie. Hier geht es unter anderem um die

[60] Hartmann-Wendels, Pfingsten, Weber (2000) Seite 102ff

[61] Hartmann-Wendels, Pfingsten, Weber (2000) Seite 721ff

Frage nach Kooperation und Konfrontation der einzelnen Profitcenter. In diesem Zusammenhang sollten spieltheoretische Methoden ebenfalls zu einem besseren Verständnis der, oft unterschwelligen, Entscheidungsprozesse führen können und derartige Verteilungskämpfe in Hinblick auf eine unternehmerisch optimale Ressourcenallokation besser gestalten helfen. Hier sei beispielsweise an die von Harding (1968) beschriebene Tragik der Allmende erinnert werden, deren Konsequenz, der Ruin aller, in krassem Gegensatz steht zu der von Adam Smith 1776 in seinem Klassiker „*The Wealth of Nations*" beschriebenen Situation, in der das individuelle Gewinnstreben häufig zu nachhaltiger Wohlfahrtssteigerung der Allgemeinheit führt.

5.1.6 Organisationsrichtlinien

Die Organisationsrichtlinien stellen, im Sinne einer Durchführungsverordnung, den konkreten Rahmen für die betriebliche Leistungserstellung dar. Sie haben die gesetzlichen und aufsichtsrechtlichen Rahmenbedingungen dergestalt zu konkretisieren, dass ein eindeutiges Regelwerk für das Verhalten der Mitarbeiter entsteht. Außerdem sind sie so auszugestalten, dass das Zusammenspiel der einzelnen Funktionen zumindest reibungsarm, am besten jedoch optimal, gestaltet ist. Damit stellen sie ein Set konkreter Spielregeln dar, innerhalb dessen die bereits beschriebenen Spiele gespielt werden müssen. Auch hier ist die Verbindung zu Spieltheorie klar, denn zum Modellieren eines Spiels ist es notwendig, dass die Spielregeln bekannt und verstanden werden. Dabei sind jedoch die nicht formellen

Entscheidungs- und Verhaltensregeln sowie die informellen Kommunikationswege und Informationsstände nicht aus den Augen zu verlieren, denn sie stellen, wie eingangs erwähnt, oftmals mindestens ebenso relevante Rahmenbedingungen dar, wie die offiziellen Regeln.

5.2 Übertragbarkeit auf andere Bereiche

Das in dieser Arbeit beschriebene Vorgehen bei der Ausgestaltung von Kontrollen im betrieblichen Leistungsprozess kann auch auf andere Bereiche angewandt werden. Die ersten Arbeiten zu Inspektor-Spion-Spielen gehen auf Dresher (1962) zurück, der das Verhältnis zwischen einem Zollbeamten und einem Schmuggler spieltheoretisch untersuchte[62]. In der Zwischenzeit sind viele Modellerweiterungen diskutiert worden und die Theorie wurde bei der Überwachung von Abrüstungsvereinbarungen bereits erfolgreich angewandt[63].

Ein weiterer Anwendungsbereich wurde in Franckx (2001) diskutiert: Die Überwachung der Einhaltung von Umweltauflagen von Produktionsbetrieben. Avenhaus (2004) beschreibt die Untersuchung der Effektivität der Fahrscheinkontrollen im Münchner Verkehrs- und Tarifverbund und stellt fest, dass die Häufigkeit der Kontrollen, die im Jahre 1997 durchgeführt

---

[62] vgl. Ferguson, Melolidakis (unbekanntes Datum)

[63] siehe Avenhaus (2004)

wurden, dem theoretisch zu erwartenden optimalen Kontrollaufwand sehr nahe kam.

Ebenso ist die Anwendung denkbar bei der Kontrolle von gebührenpflichtigen Parkplätzen, bei der Planung der Häufigkeit von Geschwindigkeitskontrollen durch die Verkehrspolizei und bei der Kontrolle der Einhaltung der Mautpflicht durch das Bundesamt für Güterverkehr (BAG). Dass diese Kontrollen nicht unerhebliche Kosten verursachen zeigt sich beispielsweise daran, dass zur Kontrolle der Mautpflicht das BAG 1.000 Mitarbeiter einsetzt[64].

Die Steuerbehörden können ebenfalls aufgrund von Ressourcenengpässen keine vollumfängliche Prüfung der Steuerpflichtigen durchführen. Auch hier ist ein möglicher Anwendungsbereich zu identifizieren. „*(...) Finanz-Staatssekretär Gerhard Wack hat Maßnahmen gegen den Umsatzsteuerbetrug angekündigt. Wie Wack am Freitag mitteilte, soll die Zahl der Betriebsprüfer in diesem Bereich von derzeit rund 20 mittelfristig auf 100 erhöht werden. (...) Dem Saarland gehen nach Angaben von Wack gegenwärtig 100 bis 200 Mio. Euro im Jahr (...) verloren.* [65]“ Diese Maßnahme bedeutet eine Erhöhung der Kontrollquote geprüfter Einheiten auf das Fünffache. Aus der Antwort auf eine entsprechende Anfrage beim

---

[64] SVG Berlin (2003)

[65] Saarbrücker Zeitung (2005)

Finanzministerium des Saarlandes kann gefolgert werden, dass diese Erhöhung allerdings nicht spieltheoretisch fundiert ist.

Die gesetzlich vorgeschriebene Prüfung durch Wirtschaftsprüfer ist ebenfalls ein Bereich, in dem nicht vollumfänglich geprüft werden kann. Zwar findet die Wirtschaftsprüfung notwendigerweise jährlich statt, aber ein Wirtschaftsprüfer kann ebenfalls aufgrund von Zeit- und Ressourcenrestriktionen nur stichprobenartige Kontrollen durchführen. Dass dies nicht zwingend zu einem korrekten Wirtschafen führt, belegen Fälle wie Parmalat, Flowtex, Comroad oder ENRON. Offenbar ist der erwartete Nutzen bei nicht regelkonformem Verhalten sehr hoch im Verhältnis zur Bestrafung, die droht, wenn nicht regelkonformes Verhalten aufgedeckt wird. Ebenso wie die externe Prüfung muss sich auch die Innenrevision mit stichprobenartigen Kontrollen zufrieden geben. Die Planung der Innenrevisionsarbeit kann mit Hilfe der bereits dargestellten Methoden ebenfalls analysiert und gegebenenfalls optimiert werden.

Die Gestaltung des Anreizsystems über Belohnung und Bestrafung ist nicht im Fokus der weiteren Untersuchung, da die praktische Fragestellung, die zu dieser Arbeit motivierte, nicht die (Um-) Gestaltung des bestehenden Anreizsystems zum Inhalt hatte sondern lediglich den optimalen Stichprobenumfang im Status-Quo ermitteln sollte. Die Frage nach einem angemessenen Anreizsystems stellt sich auch im Kontraktdesign, wenn ein

Principal einem Agent das Managen seiner Firma anvertraut[66] bzw. beim Aushandeln von Kreditverträgen[67]. An die Vertragsverhandlungen und den Vertragsabschluß schließen sich dann Kontrolle auf Einhaltung des vertraglich zugesicherten Verhaltens an. Das Zusammenspiel von Informationsasymmetrie und Kontrollrechten bei Kreditverträgen wird beispielsweise vor einem spieltheoretischen Hintergrund in Bieta, Milde (1996) erörtert. Auch im Bereich des Franchisings ist ein funktionierendes Kontrollsystem zu implementieren das sicherstellt, dass der Franchisenehmer sich im Sinne und in Übereinstimmung mit den Grundwerten und der Geschäftspolitik des Franchisegebers verhält.

Ein fast klassisches Szenario für die Anwendung der bereits beschriebenen Theorie ist die Situation, in der sich Schüler oder Studenten als Kontrollierte befinden, die den angebotenen Lernstoff nach Abschluss eines Schuljahres oder Semesters beherrschen sollten. Derjenige, der diese Lernerfolgskontrolle durchführen muss, ist in der Rolle des Kontrollierten. Die wenigsten Studenten beherrschen den Stoff fehlerfrei und kein Professor kann den gesamten Stoff abprüfen. Viele Studenten lernen „auf Lücke" und eine Klausur oder mündliche Prüfung kann nur einen kleinen Teil des geforderten Stoffs abprüfen.

---

[66] vgl. Bamberg, Spremann (1989)

[67] siehe Gelbhaar (1998)

Im Versicherungswesen stoßen klassischer Weise zwei Parteien aufeinander, die prinzipiell unterschiedliche Interessen verfolgen: Der Versicherungsnehmer will Risiken abgesichert sehen, der Versicherungsgeber möchte diese Risiken und die sich aus ihnen eventuell ergebenden Schäden vermieden wissen. Aus diesem Grunde wurde das Instrument der Selbstbeteiligung in viele Versicherungsverträge aufgenommen. Die Selbstbeteiligung dient über dieselben Anreizmechanismen wie die Stellung von Sicherheiten im Kreditgeschäft (s. Seite 130) der Vermeidung von Moral Hazard und dem Ausnutzen der Adversen Selektion. Dennoch ist es, insbesondere bei großen Versicherungsverträgen, notwendig, die Einhaltung vertraglich zugesicherter Maßnahmen zur Risikoreduktion zu überwachen.

5.3 Schlussbemerkungen

In der vorliegenden Arbeit wurde die Frage nach dem optimalen Stichprobenumfang bei der Gestaltung von Kontrollen im Prozess der betrieblichen Leistungserstellung unter der Prämisse beantwortet, dass sich die zu kontrollierenden Risikofaktoren, Mitarbeiterinnen und Mitarbeiter, strategisch verhalten. Eine generelle Lösung kann es auf diese Problemstellung nicht geben, es sei denn, die Lösung des Problems wird als Methodik formuliert, die auf die jeweilige konkrete Situation adaptiert werden muss und, wie im praktischen Teil der Arbeit gezeigt, auch adaptiert werden kann. Es zeigte sich unter künstlichen Laborbedingungen ebenso wie unter realen Bedingungen, dass der optimale Stichprobenumfang genau dort liegt, wo die Funktion der Aufmerksamkeit einen Sprung aufweist. Die theoretisch abgeleitete Best-Antwort-Funktion des Kontrollierten gem. Abb. 11 wurde zunächst in einem Laborexperiment unter „klinisch reinen“ und vom Experimentator einstellbaren Bedingungen verifiziert, vgl. Abb. 23 bis Abb. 27. Anschließend wurde in der Praxis nachgewiesen, dass die beobachteten Personen qualitativ das theoretisch vorhergesagte Verhalten auch tatsächlich zeigten, vgl. Abb. 37. Somit wurde experimentell gezeigt, dass die theoretisch abgeleiteten Vorhersagen in der Realität tatsächlich auch so auftreten.

Es wurde ein Vergleich der spieltheoretisch motivierten Ausgestaltung von Kontrollen mit der traditionellen statistischen Ausgestaltung von Kontrollen geführt und die Limitierungen und Unterschiede in den jeweils gültigen Voraussetzungen herausgearbeitet. Im Entscheidungsdiagramm, siehe Abb. 39, wurde dargelegt, in welchen Situationen und unter welchen Voraussetzungen statistische oder spieltheoretische Methoden angewandt werden sollten. Somit ist die praktische Umsetzung der Theorie vorbereitet. Verbindungen und Anknüpfungspunkte der Spieltheorie mit dem noch immer sehr aktuellen Thema des Risikomanagements wurden aufgezeigt und es wurde in Vorgriff auf die, in Deutschland derzeit in Abstimmung befindlichen, MaRisk dargelegt, inwiefern die mit Basel II geforderten qualitativen Aspekte des Risikos von Kreditinstituten behandelt werden können. Darüber hinaus lässt der spieltheoretische Ansatz eine Definition des Begriffes Risiko zu, die weiter geht, als die bisher in der Wissenschaft genutzte Definition, die auf den Eintrittswahrscheinlichkeiten für negative ungewisse Umweltzustände aufbaut. Diese neue Definition umfasst die bisherige Sichtweise und verallgemeinert sie gleichzeitig von Zustandsrisiken auf Verhaltensrisiken, die entstehen, wenn strategisch denkende Personen im Spiel sind. Gerade an der beschriebenen Schnittstelle zwischen Theorie und Praxis können weitere Arbeiten ansetzen um diesen Ansatz zu vertiefen und weitere Anwendungen zu beschreiben.

Insbesondere im Bereich der stichprobenartigen Kontrollen von strategisch handelnden Personen wurde gezeigt, wo der Nutzen der Anwendung der Inspektor-Spion-Spiele liegen kann, nämlich in der optimalen Allokation von Ressourcen in der Gestaltung betrieblicher Prozesskontrollen. Dabei darf allerdings nicht übersehen werden, dass auch diese Methodik die Risiken aus dem Fehlverhalten von Mitarbeiterinnen und Mitarbeitern nicht völlig vermeiden kann. Die Bedeutung verschiedener Stellschrauben in der Ausgestaltung eines Kontrollsystems wurde aufgezeigt; insbesondere der Parameter der Bestrafung bei aufgedecktem Fehlverhalten spielt in diesem Zusammenhang eine bedeutende Rolle. Der Blick über den Bankenbereich hinaus zeigt jedoch deutlich, dass selbst empfindlichste Strafen keine völlige Disziplinierung der handelnden Personen oder völlige Vermeidung unerwünschten Verhaltens erzwingen können. Ansonsten wäre es unerklärlich, dass es trotz der Todesstrafe in Amerika dort noch immer Morde gibt und dass es noch immer zu Diebstählen in islamischen Ländern kommt, die auf der strikten Anwendung der Scharia beharren.

Anhang

Stichproben umfang	Erster Probant	Zweiter Probant	Dritter Probant	Vierter Probant	Fünfter Probant
	Dauer in sec	Dauer in sec	Dauer in sec	Dauer in sec	Dauer in sec
0%	0,00	1,00	2,00	37,00	0,00
0%	0,00	0,00	1,00	12,00	0,00
0%	1,00	1,00	0,00	5,00	1,00
0%	0,00	2,00	1,00	8,00	1,00
0%	1,00	1,00	0,00	5,00	0,00
10%	1,00	2,00	0,00	138,00	155,00
10%	0,00	1,00	0,00	116,00	138,00
10%	0,00	1,00	0,00	122,00	143,00
10%	0,00	2,00	0,00	94,00	124,00
10%	0,00	1,00	1,00	98,00	138,00
20%	115,00	1,00	69,00	89,00	124,00
20%	125,00	1,00	87,00	120,00	139,00
20%	109,00	0,00	77,00	135,00	118,00
20%	146,00	1,00	74,00	106,00	138,00
20%	129,00	0,00	58,00	119,00	135,00
30%	112,00	298,00	110,00	113,00	116,00
30%	130,00	156,00	89,00	110,00	137,00
30%	126,00	3,00	69,00	92,00	130,00
30%	123,00	131,00	95,00	116,00	117,00
30%	127,00	188,00	93,00	116,00	125,00
40%	121,00	197,00	33,00	117,00	110,00
40%	123,00	192,00	72,00	116,00	163,00
40%	119,00	153,00	73,00	105,00	120,00
40%	136,00	166,00	74,00	119,00	138,00
40%	125,00	158,00	82,00	119,00	129,00
50%	132,00	172,00	0,00	122,00	119,00
50%	128,00	203,00	127,00	122,00	132,00
50%	119,00	140,00	63,00	129,00	128,00
50%	139,00	127,00	79,00	112,00	100,00
50%	122,00	536,00	89,00	111,00	106,00
60%	115,00	346,00	85,00	110,00	106,00
60%	132,00	111,00	89,00	119,00	123,00
60%	129,00	102,00	99,00	103,00	100,00
60%	130,00	115,00	76,00	113,00	111,00
60%	125,00	121,00	76,00	128,00	145,00
70%	128,00	133,00	86,00	123,00	114,00
70%	133,00	141,00	158,00	109,00	103,00
70%	125,00	114,00	156,00	116,00	105,00
70%	135,00	128,00	156,00	103,00	106,00
70%	105,00	125,00	145,00	111,00	119,00
80%	133,00	133,00	171,00	112,00	111,00
80%	131,00	131,00	191,00	126,00	128,00
80%	107,00	136,00	165,00	88,00	110,00
80%	116,00	121,00	151,00	95,00	99,00
80%	124,00	158,00	148,00	108,00	98,00
90%	126,00	158,00	156,00	116,00	135,00
90%	130,00	129,00	152,00	101,00	122,00
90%	119,00	155,00	143,00	96,00	100,00
90%	118,00	145,00	191,00	122,00	111,00
90%	123,00	157,00	178,00	111,00	119,00
100%	141,00	146,00	182,00	104,00	106,00
100%	130,00	143,00	170,00	127,00	126,00
100%	140,00	224,00	164,00	135,00	141,00
100%	101,00	150,00	149,00	98,00	109,00
100%	140,00	455,00	147,00	137,00	131,00

Tab. 1: Die Ergebnisse des Experimentes

Stichproben umfang	Mitarbeiter 1	Mitarbeiter 2	Mitarbeiter 3	Mitarbeiter 4	Mitarbeiter 5	Mitarbeiter 6	Summe
0%			50	10	10	90	160
0%		50	80	20	20	100	270
0%	30	80	20	10	20	100	260
0%	40	40	50	10	30	50	220
0%	50	100	100		50	110	410
5%	60	40	40	20	30	70	260
5%	70		40	10	40	70	230
5%	10	30	50		40	40	170
5%		70	70		70	110	320
5%	20	50	70		20	170	330
10%	70	50		20	20		160
10%	30	20	40	50	30	40	210
10%	60	30		10	30	60	190
10%	50	130		20		150	350
10%	130	20	30	30	20	100	330
15%	100	20	90	60		120	390
15%	120	150	270		70		610
15%	40	30	70		90		230
15%	70	50	70		80		270
15%	30	10	130		140		310
20%	100	20	80		210		410
20%	20	10	50		80	90	250
20%	90	20	80		70	130	390
20%	40	60	60		70	140	370
20%	30	10	130		90	60	320
Durchschnitt:	50,40	43,60	66,80	10,80	53,20	72,00	296,80

Tab. 2: Die Ergebnisse der Erhebungsphase (Anzahl der Geschäfte)

Stichproben umfang	Mitarbeiter 1	Mitarbeiter 2	Mitarbeiter 3	Mitarbeiter 4	Mitarbeiter 5	Mitarbeiter 6	Summe
0%				3	1	19	23
0%		2	6	3		5	16
0%	6	2		2	6	3	19
0%		9					9
0%	11				20	15	46
5%				3		6	9
5%	6		6	3		15	30
5%	1	3			4	12	20
5%		3	3		3	9	18
5%	6		7		2	6	21
10%		1		6			7
10%			12	1			13
10%	4	3			1	1	9
10%	3	7					10
10%	4		1			10	15
15%	10		12			26	48
15%	1		3		12		16
15%	3		9		4		16
15%	6	3	11		3		23
15%			3				3
20%	3						3
20%	1		12			1	14
20%	18				1		19
20%		2					2
20%	3		8			3	14
Durchschnitt:	3,44	1,40	3,72	0,84	2,28	5,24	16,92

Tab. 3: Die Ergebnisse der Erhebungsphase (Anzahl der Fehler)

Stichproben umfang	Mitarbeiter 1	Mitarbeiter 2	Mitarbeiter 3	Mitarbeiter 4	Mitarbeiter 5	Mitarbeiter 6
0%			100,00%	70,00%	90,00%	78,89%
0%		96,00%	92,50%	85,00%	100,00%	95,00%
0%	80,00%	97,50%	100,00%	80,00%	70,00%	97,00%
0%	100,00%	77,50%	100,00%	100,00%	100,00%	100,00%
0%	78,00%	100,00%	100,00%		60,00%	86,36%
5%	100,00%	100,00%	100,00%	85,00%	100,00%	91,43%
5%	91,43%		85,00%	70,00%	100,00%	78,57%
5%	90,00%	90,00%	100,00%		90,00%	70,00%
5%		95,71%	95,71%		95,71%	91,82%
5%	70,00%	100,00%	90,00%		90,00%	96,47%
10%	100,00%	98,00%		70,00%	100,00%	
10%	100,00%	100,00%	70,00%	98,00%	100,00%	100,00%
10%	93,33%	90,00%		100,00%	96,67%	98,33%
10%	94,00%	94,62%		100,00%		100,00%
10%	96,92%	100,00%	96,67%	100,00%	100,00%	90,00%
15%	90,00%	100,00%	86,67%	100,00%		78,33%
15%	99,17%	100,00%	98,89%		82,86%	
15%	92,50%	100,00%	87,14%		95,56%	
15%	91,43%	94,00%	84,29%		96,25%	
15%	100,00%	100,00%	97,69%		100,00%	
20%	97,00%	100,00%	100,00%		100,00%	
20%	95,00%	100,00%	76,00%		100,00%	98,89%
20%	80,00%	100,00%	100,00%		98,57%	100,00%
20%	100,00%	96,67%	100,00%		100,00%	100,00%
20%	90,00%	100,00%	93,85%		100,00%	95,00%

Tab. 4: Die Ergebnisse der Erhebungsphase (Aufmerksamkeitsquote)

Literaturverzeichnis

Aiginger, K. (2002). Dynamische Spiele, http://www.econ.jku.at/aiginger/ws0102/uiiw92001.pdf

Apweiler, H. & Theileis, U. & Althoff, F. & Hörlin, S. (2005). MaRisk Ein Vergleich des Entwurfs vom 2. Februar 2005 mit den MaK, MaH und MaIR, Deloitte & Touche GmbH

Aumann, R. J. & Hart, S. (2002). Handbook of Game Theory with economic Applications Volume 3, Elsevier Science Pub Co, Seiten: 1948 – 1987

Aumann, R. J. & Maschler, M. (1995). Repeated Games with incomplete Information, Cambridge, Massachusetts

Avenhaus, R. & Canty, M. & Rothenstein, D. (2001). A Sequential Attribute Sampling Inspection Game for Item Facilities, http://www.fz-juelich.de/ ste/datapool/ page/210/ navres00.pdf

Avenhaus, R. & Canty, M. (2004). Playing for Time: A sequential Inspection Game, http://www.fz-juelich.de/ste/datapool/page/210/ejor2004.pdf

Avenhaus, R. & Huber, R. K. & Kettele, J. D. (1986). Modelling and Analysis in Arms Control, Springer, Heidelberg

Avenhaus, R. & Stengel, B. & Zamir, S. (1995). Inspection Games, http://www.ma.huji.ac.il/~zamir/dp68.PDF

Avenhaus, R. (2004). Applications of inspection games, Mathematical Modelling and Analysis, volume 9, Number 3, Seiten: 179 – 192

Avenhaus, R. et al (1996). Inspection Games in Arms Control, European Journal of Operations Research, Seiten: 383 – 394

Baetge, J. (1984). Grundlagen der Wirtschafts- und Sozialkybernetik. Betriebswirtschaftliche Kontrolltheorie. , TH. Gabler, Wiesbaden

Bamberg, G. & Spremann, K. (1989). Agency Theory, Information and Incentives, Springer-Verlag Berlin Heidelberg New York

Berentsen, A. & Brügger, E. & Lörtscher, S. (2004). On Cheating and Whistleblowing, http://www.wwz.unibas.ch/witheo/aleks/doping/whistleblowing.pdf

Bester, H. & Hellwig, M. F. (1985). Screening vs. Rationing in Credit Markets with Imperfect Information, American Economic Review, vol. 75, S. 850-855, Seiten: 850 – 855

Bester, H. & Hellwig, M. F. (1989). Moral Hazard and Equilibrium Credit Rationing: An Overview of the Issues, Agency Theory, Information and Incentives, Eds. Bamberg, G. und Spremann, K., Berlin, S. 135-166, Seiten: 135 – 166

Bieta, V. & Kirchhoff, J. & Milde, H. & Siebe, W. (2002). Risikomanagement und Spieltheorie, Galileo Press, Bonn

Bieta, V. & Milde, H. (1996). Informationsasymmetrie, Kontrollrechte und Bankverträge: eine spieltheoretische Analyse, Journal für Betriebswirtschaft 46. Jg., Seiten: 295 – 308

Bieta, V. (Datum unbekannt). 60 Jahre Spieltheorie. Das Rechnen mit dem Unvorhersehbaren, http://risk-vision.com/GERMAN/ Downloads/ Spieltheorie_60Jahre.pdf

BIS, Basel (2004). The Compliane Function in Banks, http://www.bis.org/publ/bcbs103.pdf

Breitmoser, Y. & Kritikos, A (Datum unbekannt). Spieltheorie, http://www.econ.euv-frankfurt-o.de/ws0304/lect1_h.pdf - http://www.econ.euv-frankfurt-o.de/ws0304/ lect17_h.pdf

Camerer, C. F. (2003). Behavioral Game Theory, Princeton University Press

Cameron, C. M. (2003). A Primer on Auditing/Cheating Games, http://wc.wustl.edu/eitm/A%20Primer%20on%20Auditing%20Games.pdf

Colonius, F. (2003). Kontrolltheorie I, http://scicomp.math.uni-augsburg.de/~colonius/ downloads/k1.pdf

Cripps, T. (2001). Some Asymptotic Results in Discounted Repeated Gamesof One-Side Incomplete Information, http://www.st-andrews.ac.uk/~jpt/crippspaper.pdf

Dixit, A. K. & Nalebuff, B. J. (1995). Spieltheorie für Einsteiger, Schäffer-Pöschel Verlag Stuttgart

Dresher, M. (1962). A sampling inspection problem in arms control agreements: A game theoretical analysis, The RAND Corporation Santa Monica, Californien

Emons, W. (1997). Kreditsicherheiten aus informationsökonomischer Sicht, http://www-vwi.unibe.ch/theory/papers/emons/bank.pdf

Emons, W. Wirtschaftsdienst 2001/XI (2001). Information, Märkte, Zitronen und Signale, http://www-vwi.unibe.ch/theory/papers/emons/hwwa.pdf

Ferguson, T. S. & Melolidakis, C. (Datum unbekannt). On the Inspection Game, http://www.math.ucla.edu/~tom/papers/inspection.pdf

Fischer, M. (2005). Auf höchstem Niveau, Wirtschaftswoche 14/2005, Seiten: 16 – 19

Franckx, L. (2001). Ambient environmental inspections in repeated enforcement games, http://www.econ.kuleuven.ac.be/ew/academic/energmil/downloads/ete-wp01-12.pdf

Franckx, L. (2001). Reputation effects in regulatory enforcement, http://www.econ.kuleuven.ac.be/ew/academic/energmil/downloads/ete-wp01-07.pdf

Gaitsgory, V & Mizukami,K. & Filar, J. (2000). Advances in Dynamic Games and Applications

Gelbhaar, S. (1998). The Arrangement of International Credit Contracts as a Principal-Agent-Game, Indian Journal of Economics, Vol. 78 (1998), Seiten: 331 ff

Harding, G. (1968). The Tragedy of the Commons, Science 162, Seiten: 1243 – 1248

Harmtmann-Wendels, T. & Pfingsten, A. & Weber, M. (2000). Bankbetriebslehre, Springer-Verlag Berlin Heidelberg New York

Hartmann-Wendels, T, & Pfingsten, A. & Weber, M. (2000). Bankbetriebslehre, Springer, Berlin

Heinrich, D. (1989). Organisationsinterne Kontrollprozesse. Versuch der Determination einer kritischen Kontrolltheorie in betriebswirtschaftlichen Organisationen

Horst, J. (2002). Die Risiken fest im Griff im Handbuch des Risikomanagements, Schäffer-Pöschel Verlag Stuttgart, Seiten: 3 – 21

Horstmann, D. (2005). Wahrscheinlichkeitsverteilungen, http://www.mi.uni-koeln.de/~dhorst/WahrscheinlichkeitsverteilungenSoSe05.pdf

Kappelhoff, P. (2001). Komplexitätstheorie: Neues Paradigma für die Managementforschung?, http://www.wiwi.uni-wuppertal.de/ kappelhoff/ papers/ kt_management.pdf

Kappelhoff, P. (2002). Zur Evolution von Regelsystemen, http://www.wiwi.uni-wuppertal.de/kappelhoff/papers/regelevolution.pdf

Keller, H. E. (2004). Auf sein Auventura und Risigo handeln, Risknews 01/04

Lindemann, P. (1975). Steuerung und Regelung in Wirtschaftsunternehmen in Baetge, Jörg (1984); Grundlagen der Wirtschafts- und Sozialkybernetik. Betriebswirtschaftliche Kontrolltheorie. , TH. Gabler, Wiesbaden, Seiten: 105 – 114

Mandelbrot, B. B. (2005). Fraktale und Finanzen, Märkte zwischen Risiko, Rendite und Ruin, Piper-Verlag GmbH, Köln

Mauleon, A. & Vannetelbosch, V. (1999). Coalitional Negotiation, http://www.core.ucl.ac.be/services/psfiles/dp99/dp9920.PDF

Mitropoulos, A. (2001). An experiment on the Value of Structural Information in a 2x2 Repeated Game, http://www.uni-magdeburg.de/vwl3/papers/Value_of_information.pdf

Pechtl, A. (1999). Rationales Risikomanagement - Historische Grundlagen im Handbuch Kreditrisikomodelle und Kreditderivate, Schäffer-Pöschel Verlag Stuttgart, Seiten: 121 – 178

Piehlmeier, G. (1996). Spieltheoretische Untersuchung von Problemen der Datenverifikation, Verlag Dr. Kovac, Hamburg

Plapp, T. (2003). Wahrnehmung von Risiken aus Naturkatastrophen. Eine empirische Untersuchung in sechs gefährdeten Gebieten Süd- und Westdeutschlands, http://www.ubka.uni-karlsruhe.de/cgi-bin/ psview?document=/ 2003/wiwi/ 10&search=/ 2003/wiwi/10

Puzo, M. (1977). Der Pate, Fritz Molden

Rady, S. (2000). Vorlesung Spieltheorie, http://www.vwl.uni-muenchen.de/ ls_rady/ lehre/spiel/st_04.pdf

Rindele, K. (1996). Mehrstufige sequenzielle Inspektionsspiele mit statistischen Fehlern erster und zweiter Art, Verlag Dr. Kovac, Hamburg

Roth, A. E. (1987). Laboratory Experimentation in Economics, Cambridge University Press

Saarbrücker Zeitung (2005). Jagd auf Steuersünder, , Seiten: Seite 1
Schelling, T. (1960). The strategy of Conflict, Harward University, Cambridge, Massachusetts

Schmidt, K. M. (2003). Dynamische Spiele mit vollständiger Information, http://www.vwl.uni-muenchen.de/ls_schmidt/teaching/spiel/vorlesung/spiel3.pdf

Selten, R. (1999). Game Theory and Economic Behavior, Edward Elgar Publishing Limited

Spiegel, M. R. (Datum unbekannt). Statistik, Mc Graw Hill

Stengel, B. von (1991). Recursive Inspection Games, http://www.maths.lse.ac.uk/ Personal/stengel/TEXTE/recu.pdf

Stepan, A. (1977). Die Anwendung der Kontrolltheorie auf betriebswirtschaftliche Problemstellungen. Mit einer Einführung in die Kontrolltheorie

Stiglitz, J.E & Weis, A (1981). Credit Rationing in Markets with Imperfect Information, American Economic Review Vol. 71, Seiten: S. 393 – 410

SVG Berlin (2003). Infos zur Mauterhebung, http://www.svg-berlin.de/Autobahngebuehren/Info_pdf/Maut_Abrechnung.pdf

Tischler, D. (Datum unbekannt). Inspection Games in Arms Control, http://www.eos.tuwien.ac.at/OR/Mehlmann/Andis/publ/seminarAS/1

Torocy, T. L. & Stengel, B. von (2001). Game Theory, http://www.cdam.lse.ac.uk/ Reports/Files/cdam-2001-09.pdf

Ulrich, H. (1975). Der allgemeine Systembegriff in Baetge, Jörg (1984); Grundlagen der Wirtschafts- und Sozialkybernetik. Betriebswirtschaftliche Kontrolltheorie. , TH. Gabler, Wiesbaden, Seiten: 33 – 39

unbekannt (Datum unbekannt). Statistik für Ingenieure, http://www.uni-duisburg-essen.de/imperia/md/content/materialtechnik/vstat03.pdf

Vogel, J. (Datum unbekannt). Statistische Qualitätskontrolle, http://www.wirtschaft.tu-ilmenau.de/~vogel/download/vorl_stat3_mw/kapitel8.pdf

Wachtell, Lipton, Rosen & Katz (2002). Report to the board of directors of Allied Irish Banks, P.L.C., Allfirst Financial INC., and Allfirst Bank concerning currency trading losses submittet by Promotory Financial Group and Wachtell, Lipton, Rosen & Katz, http://www.prim.lu/news/allied_irish_bank.pdf

Wölling, A. (2002). Das Führerschaftsprinzip bei Inspektionsspielen, Verlag Dr. Kovac, Hamburg